高职高专计算机类
系列教材

计算机网络基础
及实训教程

秦 勇　侯佳路　尹逊伟　主编

U0228658

化学工业出版社

·北京·

内 容 简 介

《计算机网络基础及实训教程》从职业教育的角度介绍了计算机网络系统的基础知识。本书共分为12章。第1章和第2章概述介绍计算机网络系统知识；第3章至第9章介绍 CentOS Linux 系统的应用，主要包括 Linux 基本应用、文件和用户权限应用、文件共享、WWW 服务、FTP 服务、DNS 服务、DHCP 服务和 Mail 服务等内容，每章都围绕工作生活中的需求使用案例的方式来讲解，对于能够使用 Windows 平台的应用，也给了实现案例；第10章、第11章介绍了网络运行应用——初步路由和交换；第12章进行综合案例实训，使用模拟器的方式实现一个综合拓扑图，另外把这个实训案例作为设计发挥，供学习者使用真实设备来完成。

本书可作为高等职业院校计算机网络技术等计算机类专业的教材，也可作为社会培训机构的培训教材，同时也适合从事网络应用工作的读者自学参考。

图书在版编目（CIP）数据

计算机网络基础及实训教程/秦勇，侯佳路，尹逊伟主编. —北京：化学工业出版社，2021.8

高职高专计算机类系列教材

ISBN 978-7-122-39172-8

Ⅰ.①计⋯　Ⅱ.①秦⋯②侯⋯③尹⋯　Ⅲ.①计算机网络-高等职业教育-教材　Ⅳ.①TP393

中国版本图书馆 CIP 数据核字（2021）第 093322 号

责任编辑：张绪瑞　　　　　　　　　　　装帧设计：张　辉
责任校对：张雨彤

出版发行：化学工业出版社（北京市东城区青年湖南街 13 号　邮政编码 100011）
印　　装：涿州市般润文化传播有限公司
787mm×1092mm　1/16　印张 11¾　字数 292 千字　2021 年 9 月北京第 1 版第 1 次印刷

购书咨询：010-64518888　　　　　　　　售后服务：010-64518899
网　　址：http://www.cip.com.cn

凡购买本书，如有缺损质量问题，本社销售中心负责调换。

定　　价：36.80 元　　　　　　　　　　　　　　　版权所有　违者必究

前言

计算机网络系统技术的学习不像程序开发会产生一个类似于产品的现实成果，一般只会出现"网络是否连通""应用服务是否满足客户的需求"等无形的"智力表现"，这样的学习经历往往让学习者感觉无所适从。本书从职业教育的角度，介绍计算机网络系统基础知识，通过 TCP/IP 协议栈这条主线展开，结合职业院校学生的学习特点，依照"理论辅助、技能主导"的思路进行编写。

本书共分为 12 章。第 1 章和第 2 章概述介绍计算机网络系统知识；第 3 章至第 9 章介绍 CentOS Linux 系统的应用，主要包括 Linux 基本应用、文件和用户权限应用、文件共享、WWW 服务、FTP 服务、DNS 服务、DHCP 服务和 Mail 服务等内容，每章都围绕工作生活中的需求使用案例的方式来讲解，对于能够使用 Windows 平台的应用，也给了实现案例；第 10 章、第 11 章介绍了网络运行应用——初步路由和交换；第 12 章进行综合案例实训，使用模拟器的方式实现一个综合拓扑图，另外把这个案例作为设计发挥，供学习者使用真实设备来完成。

本书由北京青年政治学院秦勇、北京政法职业学院侯佳路、北京青年政治学院尹逊伟任主编，北京青年政治学院王冠宇参编。秦勇负责全书总体框架设计并编写第 2 章至第 10 章，侯佳路负责统稿工作并编写第 1 章，尹逊伟负责校稿并编写第 11 章，王冠宇编写第 12 章。在编写过程中得到了北京青年政治学院相关领导和同事的大力支持，并得到了北京青年政治学院教务处教材项目的支持，在此一并感谢。

由于编者水平有限，书中难免有不妥之处，恳请广大读者指出，不胜感激。

编　者
2021 年 3 月

目录

第 3 章　计算机网络系统基础概述　　29

第 4 章　主机文件资源共享　　51

第5章　WWW 服务应用 　　73

第6章　FTP 服务应用 　　93

第 10 章　网络路由基础及应用　139

第 11 章　局域网技术基础及应用　159

第1章

计算机网络系统技术概述

网络已经在当代社会的生产生活中占有举足轻重的地位，人工智能、大数据等现代科技都离不开网络技术的支持，人们在生活中无时无刻不在使用网络带来的各种便利。

中国互联网络信息中心（CNNIC）于 2021 年 2 月发布第 47 次《中国互联网络发展状况统计报告》。《中国互联网络发展状况统计报告》显示，截至 2020 年 12 月，我国网民规模达 9.89 亿，较 2020 年 3 月增长 8540 万，互联网普及率达 70.4%。2020 年，我国互联网行业在抵御新冠肺炎疫情和疫情常态化防控等方面发挥了积极作用，为我国成为全球唯一实现经济正增长的主要经济体，国内生产总值（GDP）首度突破百万亿，圆满完成脱贫攻坚任务做出了重要贡献。从这一报告可以看到计算机网络技术在国民生产中起了非常重要的作用，下面我们就来看看在生产生活中会遇到的计算机网络系统技术。

1.1 生活中的计算机网络系统应用

1.1.1 移动互联网

移动互联网是 PC 互联网发展的必然产物，它将移动通信和互联网二者结合起来，成为一体。它是互联网的技术、平台、商业模式和应用与移动通信技术结合并实践的活动的总称。

移动互联网是移动和互联网融合的产物，继承了移动随时、随地、随身和互联网开放、分享、互动的优势，是一个全国性的、以宽带 IP 为技术核心的，可同时提供话音、传真、数据、图像、多媒体等高品质电信服务的新一代开放的电信基础网络，由运营商提供无线接入，互联网企业提供各种成熟的应用。

通过移动互联网，人们可以使用手机、平板电脑等移动终端设备浏览新闻，还可以使用各种移动互联网应用，例如在线搜索、在线聊天、移动网游、手机电视、在线阅读、网络社区、收听及下载音乐等。其中移动环境下的网页浏览、文件下载、位置服务、在线游戏、视频浏览和下载等是其主流应用。同时，绝大多数的市场咨询机构和专家都认为，移动互联网是未来十年内最有创新活力和最具市场潜力的新领域，这一产业已获得全球资金包括各类天使投资的强烈关注。

目前，移动互联网正逐渐渗透到人们生活、工作的各个领域，微信、支付宝、位置服务等丰富多彩的移动互联网应用迅猛发展，正在深刻改变信息时代的社会生活，近几年，更是实现了 3G 经 4G 到 5G 的跨越式发展。全球覆盖的网络信号，使得身处大洋和沙漠中的用户，仍可随时随地保持与世界的联系。

1.1.2　电子商务

电子商务是指以信息网络技术为手段，以商品交换为中心的商务活动；也可理解为在互联网、企业内部网和增值网上以电子交易方式进行交易活动和相关服务的活动，是传统商业活动各环节的电子化、网络化、信息化；以互联网为媒介的商业行为均属于电子商务的范畴。

电子商务通常是指在全球各地广泛的商业贸易活动中，在因特网开放的网络环境下，基于客户端/服务端应用方式，买卖双方不谋面地进行各种商贸活动，实现消费者的网上购物、商户之间的网上交易和在线电子支付以及各种商务活动、交易活动、金融活动和相关的综合服务活动的一种新型的商业运营模式。

1.1.3　电子政务

电子政务是指国家机关在政务活动中，全面应用现代信息技术、网络技术以及办公自动化技术等进行办公、管理和为社会提供公共服务的一种全新的管理模式。

各级政务机关都在进行网络系统的升级改造，都在打造基于网络的统一的政务授权应用。

1.1.4　大数据

大数据应用技术，是指大数据相关的应用技术，包括 API、智能感知、挖掘建模等大数据技术，技术发展涉及机器学习、多学科融合、大规模应用开源技术等领域。大数据价值创造的关键在于大数据的应用，随着大数据技术飞速发展，大数据应用已经融入各行各业。大数据产业正快速发展成为新一代信息技术和服务业态，即对数量巨大、来源分散、格式多样的数据进行采集、存储和关联分析，并从中发现新知识、创造新价值、提升新能力。

大数据应用技术得益于网络技术的发展，互联网的每一次运行（用户上网、交互）都会在后台留下痕迹，系统就会记录下来，随着时间的积累就会形成一个庞大的数据库，通过整理、筛选人们可以在数据中得到许多有用的信息。大数据与互联网的发展相辅相成。一方面，互联网的发展为大数据的发展提供了更多数据、信息与资源；另一方面，大数据的发展为互联网的发展提供了更多支撑、服务与应用。

1.1.5　人工智能

人工智能（Artificial Intelligence，AI）亦称智械、机器智能，指由人制造出来的机器所表现出来的智能。通常人工智能是指通过普通计算机程序来呈现人类智能的技术。人工智能的决策等都需要大数据的支持，实现推演。纵观人工智能的发展，算法的基础性障碍、计算成本、数据样本获取难度等核心难点随着互联网的快速发展都被解决，这给人工智能的发展带来了巨大潜力。

人工智能已经成为网络安全开发者的新宝藏，这要归功于它的潜力，它不仅可以在很大的规模上实现功能自动化，还可以根据它在一段时间内学到的东西来做出相应的决策。

1.2　职场中的网络系统技术岗位

学习网络应用技术的核心是解决日常用网时遇到的问题，甚至可以通过网络知识自己开发网络应用。这些都是企业中的网络职业岗位，涉及网络系统开发岗位和网络系统集成运维岗位。

网络技术的知识点比较杂，网络技术入门对于信息类学生来说是比较难的，所以需要找到一个比较好的出发点，那就是职业岗位需求。通过知名招聘网站发布的有关企业的网络职业岗位的任职需求是激发学生学习网络技术的最好手段。

在招聘网站上检索"网络开发工程师""网络工程师"等词汇，就能搜索到很多企业的招聘需求。从这些职位的需求看，对于网络技术知识都需要以下这些：

① 熟悉 TCP/IP 协议，深刻理解二三层转发原理；

② 熟悉常用网络协议 HTTP、HTTPS、SSL、WEBSOCKET，以及安全相关的技术；

③ 熟悉 Linux 系统和 Linux 平台开发，能够基于 Linux 平台进行网络应用开发；

④ 深入了解 DNS、TCP/IP、IPv6 等网络协议，有内核 TCP/IP 协议栈调优等经验；

⑤ 拥有 OSPF/ISIS/BGP/MPLS L3VPN/BFD 等至少一项开发经验；

⑥ 具有云计算、云网络相关技术经验。

从这些技术要求看，这些是不管网络开发工程师，还是网络系统集成工程师应该掌握的基本技术。

1.3 网络系统技术职业资格

信息类相关的职业资格认证非常多。职业资格认证证书对于拥有者来说可以证明在某一技能方面有相关的任职资质，但是不代表工作经验和经历，一般都是作为网络相关岗位的任职"敲门砖"，是准网络职业从业者的求职保证。

信息类的相关技术认证都是采用金字塔型的方式对任职资格做衡量的，如图 1-1 所为金字塔型人才分布。

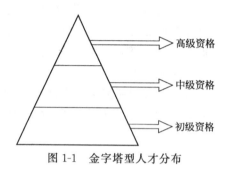

图 1-1　金字塔型人才分布

职业资格认证是督促学习者进行相关技术学习一个非常好的手段，也是企业认定求职者从业资格的一个很好的方式。不管是国家还是行业都有一系列技术认证，如表 1-1 所示。

表 1-1　职业资格认证信息

职业资格	职业级别	高级资格	中级资格	初级资格
计算机技术与软件专业技术资格(水平)考试	国家级(人社部)	网络规划师	网络工程师	网络管理员
		信息系统项目管理师	软件设计师	程序员
华为网络认证	行业级	HCIE	HCIP	HCIA
思科网络认证	行业级	CCIE	CCNP	CCNA
红帽 Linux 认证	行业级	RHCA	RHCE	RHCSA
1＋X(信息类认证)	工信部	高级	中级	低级

1.4 网络系统资源下载

信息技术越发展，越体现知识的价值。计算机类知识产权的保护一直是社会进步的体现，在教育行业也越来越重视对于知识产权的认定，转化为实际的教育实践就是充分利用免费开源的应用平台，不能使用盗版的软件。

在操作系统方面，如从系统教育方面，就应该推广免费的 Linux 系统的应用，在课程中使用 CentOS7 作为教学应用，另外就是使用网络厂商提供的免费的网络模拟器来做网络系统实践。

计算机网络系统应用的核心是工具软件的使用。

1.4.1　网络应用工具软件下载

"工欲善其事，必先利其器"，计算机网络系统学习从虚拟机应用开始，下载提供另一个操作系统的虚拟机软件。

（1）VMware Player

VMware Player（现已更名为 VMware Workstation Player）是一款桌面虚拟化应用，无需重新启动即可在同一计算机上运行一个或多个操作系统。凭借其简单的用户界面、无可比拟的操作系统支持和移动性，用户可以比以往更轻松地使用公司桌面投入工作。

这是由 VMWARE 推出的供用户免费使用的虚拟机工具，与之对应的就是收费的 VMware Workstation 软件。用户可以在其官方网站上下载支持 Windows 系统和 MacOS 系统的对应版本（Fusion）。

（2）VirtualBox

VirtualBox 是一款开源虚拟机软件。VirtualBox 是由德国 Innotek 公司开发，由 Sun Microsystems 公司出品的软件，使用 Qt 编写，在 Sun 被 Oracle 收购后正式更名为 Oracle VM VirtualBox。Innotek 以 GNU General Public License（GPL）释出 VirtualBox，并提供二进制版本及 OSE 版本的代码。使用者可以在 VirtualBox 上安装并且执行 Solaris、Windows、DOS、Linux、OS/2 Warp、BSD 等系统作为客户端操作系统。已由甲骨文公司进行开发，是甲骨文公司 xVM 虚拟化平台技术的一部分。

VirtualBox 是免费的虚拟机软件，它不仅具有丰富的特色，而且性能也很优异。它简单易用，可虚拟的系统包括 Windows（从 Windows 3.1 到 Windows 10、Windows Server 2012，所有的 Windows 系统都支持）、MacOS、Linux、OpenBSD、Solaris、IBM OS2 甚至 Android 等操作系统，使用者可以在 VirtualBox 上安装并且运行上述的这些操作系统。

1.4.2　Linux 系统下载

（1）CentOS

CentOS 是免费的、开源的、可以重新分发的开源操作系统，CentOS（Community Enterprise Operating System，中文意思是社区企业操作系统）是 Linux 发行版之一。CentOS Linux 发行版是一个稳定的、可预测的、可管理的和可复现的平台，源于 Red Hat Enterprise Linux（RHEL）依照 GPL 释出的源码所编译而成。自 2004 年 3 月以来，CentOS Linux 一直是社区驱动的开源项目，旨在与 RHEL 在功能上兼容。

（2）Debian

广义的 Debian 是指一个致力于创建自由操作系统的合作组织及其作品，由于 Debian 项目众多内核分支中以 Linux 宏内核为主，而且 Debian 开发者所创建的操作系统中绝大部分基础工具来自 GNU 工程 ，因此"Debian"常指 Debian GNU/Linux。非官方内核分支还有只支持 x86 的 Debian GNU/Hurd（Hurd 微内核），只支持 amd64 的 Dyson（OpenSolaris 混合内核）等。这些非官方分支都存在一些严重的问题，没有实用性，比如 Hurd 微内核在技术上不成熟，而 Dyson 则基础功能仍不完善。

Debian 现在已被广泛使用，特别是在近期 CentOS 被宣布停止更新后，越来越多的技术爱好者正转向 Debian。

（3）Ubuntu

Ubuntu 是一个以桌面应用为主的 Linux 操作系统。Ubuntu 基于 Debian 发行版和 Gnome 桌面环境，而从 11.04 版起，Ubuntu 发行版放弃了 Gnome 桌面环境，改为 U-nity。从前人们认为 Linux 难以安装、难以使用，在 Ubuntu 出现后这些都成为了历史。

Ubuntu 也拥有庞大的社区力量，用户可以方便地从社区获得帮助。自 Ubuntu 18.04 LTS 起，Ubuntu 发行版又重新开始使用 GNOME3 桌面环境。

（4）Deepin 和 UOS

Deepin（原名 Linux Deepin，中文通称深度操作系统）是由武汉深之度科技有限公司在 Debian 基础上开发的 Linux 操作系统，其前身是 Hiweed Linux 操作系统，于 2004 年 2 月 28 日开始对外发行，可以安装在个人计算机和服务器中。Deepin 操作系统内部集成了 Deepin Desktop Environment（中文通称深度桌面环境），并支持 Deepin store、Deepin Music、Deepin Movie 等应用软件。

2020 年 1 月 14 日，统信软件宣布国产 OS——UOS 统一操作系统的正式版正式发布，首先推出的是面向合作伙伴的版本。UOS 是 Linux 在中国的商业发行版，主要开发工作由 Deepin 团队完成，UOS 与 Deepin 的关系就像是 Fedora 和 Redhat RHEL 那样，简单的理解就是社区版和企业版。

1.4.3 CentOS 的安装

从 CentOS 的官网可获得 CentOS7 minimal 版，在安装好的虚拟机平台 VMware Player 中进行安装。使用创建虚拟机选项，在 CD 中加载 CentOS7 的系统镜像。启动虚拟机，打开如图 1-2 CentOS7 所示安装界面。

用小键盘的上下键选择 Install CentOS7 ，会看到变成高亮的状态，按回车就可以打开，如图 1-3 所示。

进行语言选定，可以选择中文，再选择简体中文（中国）。

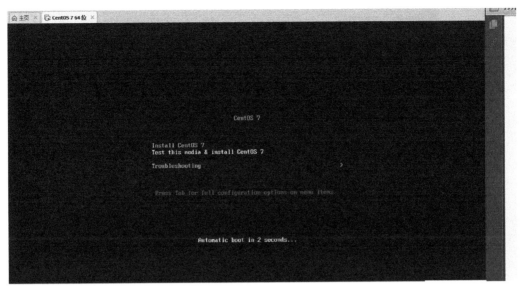

图 1-2　CentOS7 安装界面

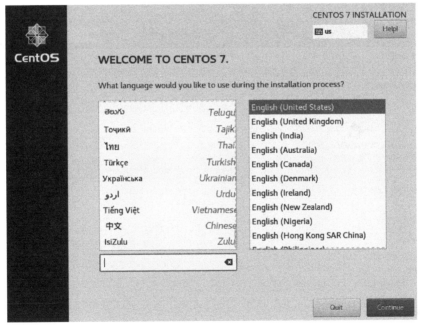

图 1-3　语言选择

　　选择好以后，点击"继续"。打开如图 1-4 所示界面。点击安装位置选项，打开如图 1-5 所示界面。

　　选定本地标准硬盘，然后去设置其中的其他存储选项。这里的其他存储选项，实际上就是进行分区操作，在 Windows 系统中都有分硬盘为分区的操作，此时也是 Linux 系统分区操作，默认不去管理分区的容量的话，就直接选定图 1-6 中的"我要配置分区"，点击完成后如图 1-7 所示。

图 1-4　安装信息摘要

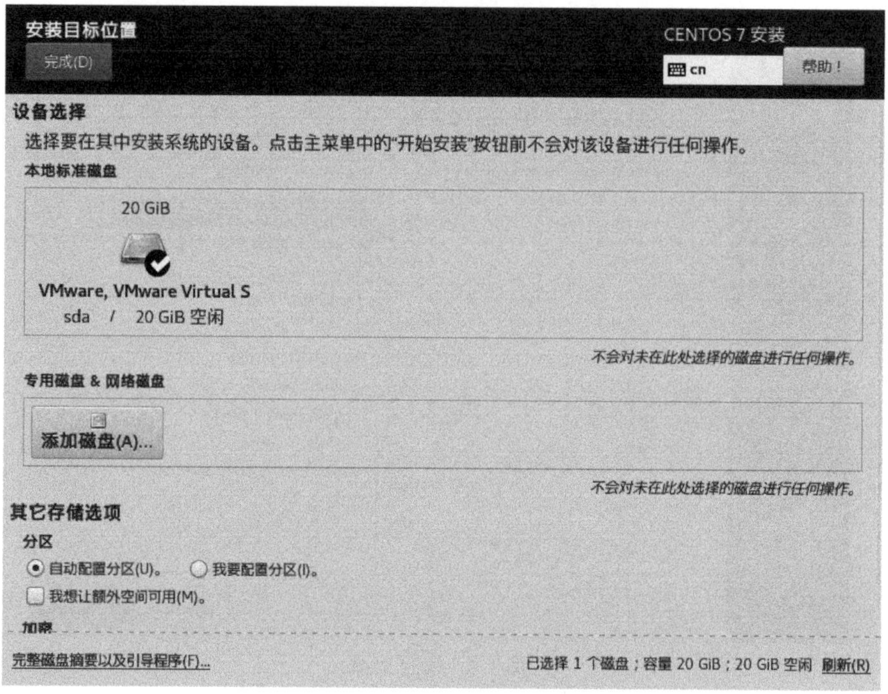

安装目标位置

CENTOS 7 安装

完成(D)

⌨ cn　帮助！

设备选择

选择要在其中安装系统的设备。点击主菜单中的"开始安装"按钮前不会对该设备进行任何操作。

本地标准磁盘

20 GiB

VMware, VMware Virtual S
sda / 20 GiB 空闲

不会对未在此处选择的磁盘进行任何操作。

专用磁盘 & 网络磁盘

添加磁盘(A)...

不会对未在此处选择的磁盘进行任何操作。

其它存储选项

分区

○ 自动配置分区(U)。　○ 我要配置分区(I)。

□ 我想让额外空间可用(M)。

加密

完整磁盘摘要以及引导程序(F)...　　　已选择 1 个磁盘；容量 20 GiB；20 GiB 空闲　刷新(R)

图 1-5　安装位置选项

图 1-6　其他存储选项

图 1-7　分区选择完成

　　进入手动分区，如图 1-8 所示，点击下方的"＋"号，如图 1-9 所示，点击下拉箭头打开图 1-10 所示界面，进入相关类型的分区选择，如图 1-11 所示设置，完成后返回图 1-12 所示，按照同样的方法进行其他挂载点的分区，如 boot 和/。

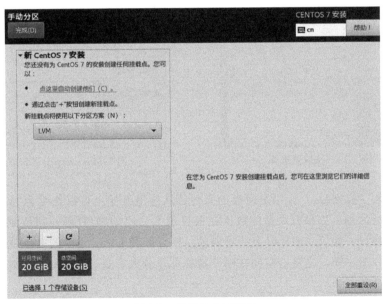

图 1-8　自定义分区界面

　　这里介绍下必需的分区要求。

　　① boot 分区的作用：引导分区，包含了系统启动的必要内核文件，即使根分区损坏也能正常引导启动。一般这些文件所占空间在 200MB 以下。分区建议：分区的时候可选 100～500MB 之间，如果空间足够用，建议分 300～500MB。避免由于长期使用的

冗余文件塞满这个分区。分区格式：建议 ext4，按需求更改。

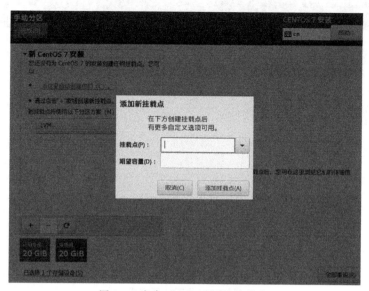

图 1-9　点击 "＋" 后添加挂载点

图 1-10　挂载点选择

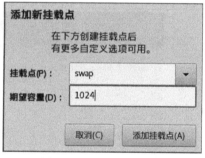

图 1-11　swap 分区设置

② /分区（根分区）：作用是所有的文件都从这里开始，可以比喻为 Windows 的 C 盘，但其实有区别。如果有大量的数据在根目录下（比如 FTP 等）可以划分大一点的空间。分区建议：建议 15GB 以上。看需求，根分区和 home 分区的大小就类似 C 盘和 D 盘的空间分布一样，主要占空间在哪儿就在那里分大容量。分区格式：建议 ext4，按需求更改。

③ swap 分区：作用类似于 Windows 的虚拟内存，在内存不够用时占用硬盘的虚拟内存来进行临时数据的存放，而对于 Linux 就是 swap 分区。分区建议：建议是物理内存大小的 2 倍，比如电脑是 4GB 的物理内存，swap 分区可以是 8GB。分区格式：swap 格式。

设置完成后就可以返回到图 1-13 所示界面。

图 1-12 swap 分区设置完成

图 1-13 分区信息完成

完成分区后，点击"开始安装"，会进入图 1-14 所示界面，开始安装，并且此时需要设置用户密码，特别是 root 用户，点击"Root 密码"可以打开图 1-15 所示界面进行密码设置，完成后就等待系统安装完成。

设置好密码后，进入图 1-16 所示安装界面，等待全部安装完成，打开图 1-17 所示界面。点击"重启"，就可以正常启动，并进入图 1-18 所示系统界面。这时，CentOS7系统安装完成。

图 1-14　用户密码设置

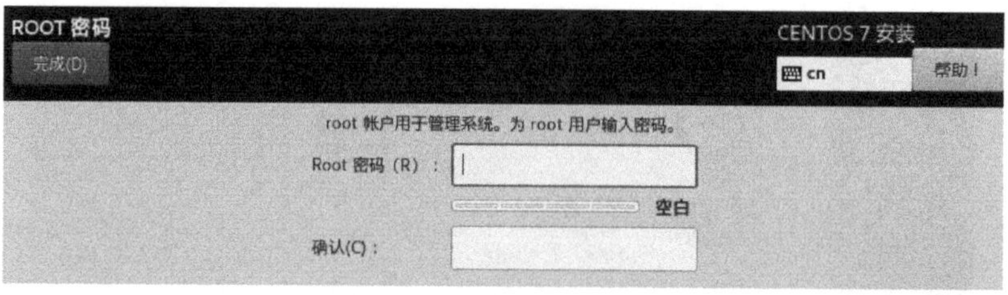

ROOT 密码
完成(D)

CENTOS 7 安装
cn　　帮助！

root 帐户用于管理系统。为 root 用户输入密码。

Root 密码（R）：

空白

确认(C)：

图 1-15　设置 root 密码

图 1-16　密码设置完成后继续安装

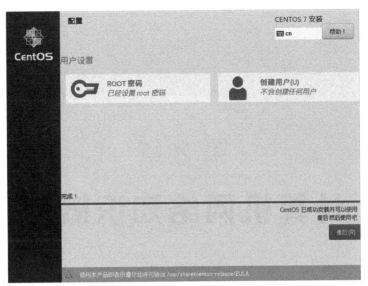

图 1-17　安装完成需要重启

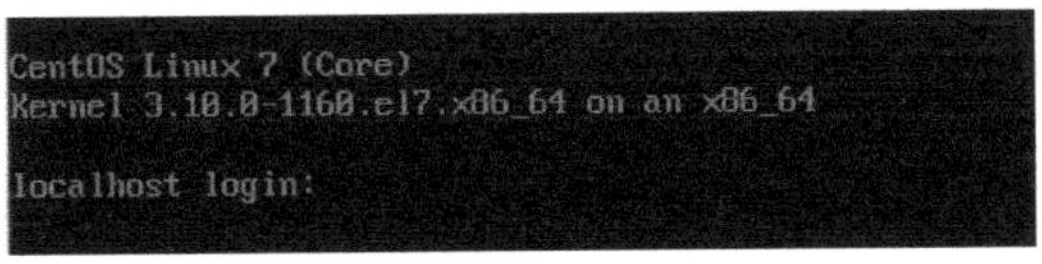

```
CentOS Linux 7 (Core)
Kernel 3.10.0-1160.el7.x86_64 on an x86_64

localhost login:
```

图 1-18　进入 CentOS7 界面

第 2 章
计算机网络知识概述

计算机网络知识主要是围绕计算机网络的基本技术展开的。网络技术的相关概念是进行计算机网络开发和运维应用的基础，网络用户在使用网络时都不可避免地要碰到这些基本概念，对这些概念的了解有利于日常生活的网络应用。

2.1 计算机网络的定义

日常生活中人们使用电脑、智能手机等智能终端进行上网操作，通常不会关注到底什么是计算机网络。而对于准备入职计算机网络相关岗位的学习者来说，需要知道这一概念。在我国各高校本科阶段普遍使用的谢希仁版的《计算机网络》对计算网络的定义是这样描述的：计算机网络主要是由一些通用的、可编程的硬件互联而成的，而这些硬件并非专门用来实现某一特定目的。这些可编程的硬件能够用来传送多种不同类型的数据，并能支持广泛的和日益增长的应用。计算机网络在生产生活环境中的应用目前非常普遍，技术成熟度比较高且稳定，面向应用层面比较多。

根据百度百科的查询可以得到这样的表述：计算机网络是指将地理位置不同的具有独立功能的多台计算机及其外部设备，通过通信线路连接起来，在网络操作系统、网络管理软件及网络通信协议的管理和协调下，实现资源共享和信息传递的计算机系统。

从这一描述可以看到计算机网络从简单、直观的理解考虑就是利用通信技术的可共享资源的计算机系统。通俗的理解就是计算机网络是由通信子网和资源子网组成的计算机系统集合，如图 2-1 所示。

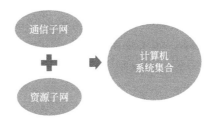

图 2-1　计算机网络的定义

　　从通信子网角度看，计算机网络是利用现代通信技术进行数据传递的，需要从微观理论上进行探讨；对于从事网络应用的工程师来说，只是需要认识到这些技术都是由现实存在的通信传输系统完成就够了。在数据传输系统中离不开大家所见到的常用的网络通信设备。要进行网络连接，计算机类的终端需要有网卡（也叫网络适配器），进行网络连接的媒介——光纤、无线电波、双绞线等，还有进行数据传输的中间设备，比如网络无线接入 AP（Acces Point）、交换机、路由器等。尽管通信系统非常复杂，但是从计算机网络应用角度考虑，最主要的还是用户体验。人们通常感受到的网络卡顿、网络速度慢或者遇到最极致的无法上网等问题，大部分都是由通信子网的故障造成的。

　　从资源子网角度考虑，就是计算机网络为用户提供什么样的网络资源。从单一的数据传输到如今的音频、视频媒体的广泛应用，都离不开计算机服务器系统提供的资源子网系统。传统的计算机网络一般提供 Web 服务应用、邮件服务应用，随着技术的完善和通信子网提供的网络传输速率的提高，音频和视频媒体已经成为现代网络的主流。大数据、云计算和人工智能现在都需要网络资源的支持，可见资源子网在计算机网络系统中占有重要的作用。

　　无论怎么定义计算机网络，对于职场人来说，对计算机网络相关技术的掌握和了解是其中的关键，对网络设备或者服务器设备的网络应用是入职的基础。

2.2　计算机网络技术的技术名词

　　计算机网络技术的技术名词在日常生活中经常会被提及，了解这些名词对于网络的应用有很多好处。

2.2.1　带宽

　　我国的家庭上网已经进入光纤入户的时代，在北京的宽带运营商一般都面向家庭提供 100 兆（100M）、200 兆（200M）、300 兆（300M）带宽的付费选择，那这些宽带网络的带宽到底是什么概念呢？这就需要从计算机可以识别的数据信息开始了解了，二进制是计算机使用的数据表示方式，每一个 0 或者 1 称为 1 位，在数据表示上称为 bit，我们所说的计算机网络的带宽是以 bps 或 b/s、bit/s（bit per second）为单位的数据流，即 100 兆的带宽，就是 100000000bps。与日常的计算机应用中所表示的存储单位 Byte 稍有不同的是，如果要换算成上传或者下载的字节数大小就需要在数据单位基础上除以 8 才能得到。这也是我们在家中利用网络测速或者下载资源时反馈出来的实际数据单位。

2.2.2 流量

网络流量就是网络上传输的数据量。网络流量的大小对网络架构设计具有重要意义，就像要根据来往车辆的多少和流向来设计道路的宽度和连接方式类似，根据网络流量进行网络的设计是十分必要的。

用户使用移动运营商提供的网络时，都会申请一定费用的流量，这些都是由 bit 流来决定的，换算出来的字节数就是我们购买的流量包大小了。所以很多情况移动应用的流量决定了用户的上网成本。

2.2.3 Wi-Fi

Wi-Fi 的英文全称为 wireless fidelity，原先是无线保真的缩写，在无线局域网的范畴是指"无线相容性认证"，实质上是一种商业认证，同时也是一种无线联网的技术，以前通过网线连接电脑，而现在则是通过无线电波来联网；常见的一个就是无线路由器，那么在这个无线路由器的电波覆盖的有效范围都可以采用 Wi-Fi 连接方式进行联网，如果无线路由器连接了一条 ADSL 线路或者别的上网线路，则又被称为"热点"。

2.2.4 4G/5G

4G 通信技术是第四代的移动信息系统，是在 3G 技术上的一次更好的改良，其相较于 3G 通信技术来说一个更大的优势，是将 WLAN 技术和 3G 通信技术进行了很好的结合，使图像的传输速度更快，让传输图像的质量和图像看起来更加清晰。在智能通信设备中应用 4G 通信技术让用户的上网速度更加迅速，速度可以高达 100Mbps。

第五代移动通信技术（英文：5th generation mobile networks 或 5th generation wireless systems、5th-Generation，简称 5G 或 5G 技术）是最新一代蜂窝移动通信技术，也是继 4G（LTE-A、WiMax）、3G（UMTS、LTE）和 2G（GSM）系统之后的延伸。5G 的性能目标是高数据速率、减少延迟、节省能源、降低成本、提高系统容量和大规模设备连接。Release-15 中的 5G 规范的第一阶段是为了适应早期的商业部署。Release-16 的第二阶段已于 2020 年 4 月完成，作为 IMT-2020 技术的候选提交给国际电信联盟（ITU）。ITU IMT-2020 规范要求速度高达 20Gbit/s，可以实现宽信道带宽和大容量 MIMO。

我国的通信企业华为、中兴等在 5G 技术的研发和应用中，起到了非常重要的作用，大大提高了我国在通信领域的科技地位，不再受制于国外通信专利的绑缚，反而能够依托专利版权，获得移动通信领域的尊重和领导地位。

2.2.5　ISP

互联网服务提供商 ISP 可以从互联网管理机构获得许多 IP 地址，同时拥有通信线路以及路由器等联网设备，个人或机构向 ISP 缴纳一定的费用就可以接入互联网。

目前的互联网是一种多层次 ISP 结构，ISP 根据覆盖面积的大小分为主干 ISP、地区 ISP 和本地 ISP。互联网交换中心 IXP 允许两个 ISP 直接相联而不用经过第三个 ISP。

目前我国为用户提供网络应用支持的应用商是中国移动、中国联通和中国电信。

2.3　计算机网络系统结构

计算机网络的体系结构是学习计算机网络原理知识的人永远躲不开的话题，也是从事网络相关行业岗位的必备基础知识。

从网络原理的认知考虑，要把网络说清楚就要进行解析，怎么解析呢？就是进行分层考虑，通过层次模型把复杂的网络概念简单化、精细化。这样就有了两种网络体系结构，即 OSI（Open System Interconnect）参考模型和 TCP/IP 协议栈。

2.3.1　OSI 参考模型

国际标准组织（国际标准化组织）制定了 OSI（Open System Interconnect）参考模型。这个模型把网络通信的工作分为 7 层，分别是物理层、数据链路层、网络层、传输层、会话层、表示层和应用层，如图 2-2 所示。1～4 层被认为是低层，这些层与数据移动密切相关。5～7 层是高层，包含应用程序级的数据。每一层负责一项具体的工作，然后把数据传送到下一层。

第 1 层是物理层（Physical Layer）（也即 OSI 模型中的第一层），物理层实际上就是布线、光纤、网卡和其他用来把两台网络通信设备连接在一起的东西。甚至一个信鸽也可以被认为是一个 1 层设备。网络故障的排除经常涉及 1 层问题。由于办公室的椅子经常从电缆线上压过，导致网络连接出现断断续续的情况。遗憾的是，这种故障是很常见的，而且排除这种故障需要耗费很长时间。

第 2 层是数据链路层（Data Link Layer），运行以太网等协议。第 2 层中最重要的是理解网桥是什么。交换机可以看成网桥，人们现在都这样称呼它。网桥都在 2 层工作，仅关注以太网上的 MAC 地址。如果是在谈论有关 MAC 地址、交换机或者网卡和

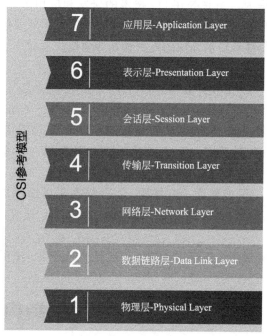

图 2-2 OSI 参考模型

驱动程序，就属于第 2 层的范畴。集线器属于第 1 层的领域，因为它们只是电子设备，没有 2 层的知识。第 2 层把数据帧转换成二进制位供 1 层处理就可以了。

第 3 层是网络层（Network Layer），在计算机网络中进行通信的两个计算机之间可能会经过很多个数据链路，也可能还要经过很多通信子网。网络层的任务就是选择合适的网间路由和交换结点，确保数据及时传送。网络层将数据链路层提供的帧组成数据包，包中封装有网络层包头，其中含有逻辑地址信息——源站点和目的站点地址的网络地址。

如果在谈论一个 IP 地址，则是在处理第 3 层的问题，这是"数据包"问题，而不是第 2 层的"帧"。IP 是第 3 层问题的一部分，此外还有一些路由协议和地址解析协议（ARP）。有关路由的一切事情都在第 3 层处理。地址解析和路由是第 3 层的重要目的。

第 4 层是处理信息的传输层（Transition Layer）。第 4 层的 TCP 协议的数据单元称为段（segments），而 UDP 协议的数据单元称为"数据报（datagrams）"。这个层负责获取全部信息，因此，它必须跟踪数据单元碎片、乱序到达的数据包和其他在传输过程中可能发生的危险。理解第 4 层的另一种方法是，第 4 层提供端对端的通信管理。像 TCP 等一些协议非常善于保证通信的可靠性。有些协议并不在乎一些数据包是否丢失，UDP 协议就是一个主要例子。

第 5 层是会话层（Session Layer）。这一层也可以称为会晤层或对话层，在会话层及以上的高层次中，数据传送的单位不再另外命名，统称为报文。会话层不参与具体的传输，它提供包括访问验证和会话管理在内的建立和维护应用之间通信的机制。如服务器验证用户登录便是由会话层完成的。

第 6 层是表示层（Presentation Layer）。这一层主要解决用户信息的语法表示问题。它将欲交换的数据从适合于某一用户的抽象语法，转换为适合于 OSI 系统内部使用的传送语法。即提供格式化的表示和转换数据服务。数据的压缩和解压缩，加密和解密等工作都由表示层负责。

第 7 层称为应用层（Application Layer），是专门用于应用程序的。应用层确定进程之间通信的性质以满足用户需要以及提供网络与用户应用软件之间的接口服务。如果程序需要一种具体格式的数据，可以发明一些希望能够把数据发送到目的地的格式，并且创建一个第 7 层协议。SMTP、DNS 和 FTP 都是第 7 层协议。

2.3.2 网络数据封装

数据封装是指将协议数据单元（PDU）封装在一组协议头和尾中的过程。在 OSI7 层参考模型中，每层主要负责与其他机器上的对等层进行通信。该过程是在协议数据单元（PDU）中实现的，其中每层的 PDU 一般由本层的协议头、协议尾和数据封装构成。如图 2-3 所示。

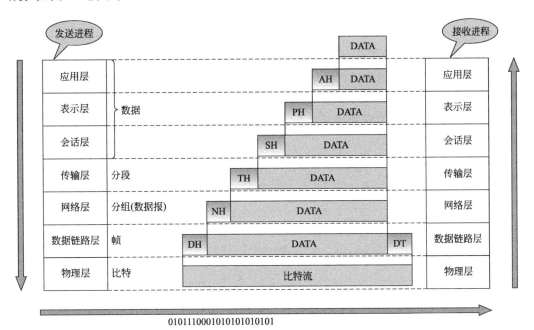

图 2-3 数据封装与传输

每层可以添加协议头和尾到其对应的 PDU 中。协议头包括层到层之间的通信相关信息。协议头、协议尾和数据是三个相对的概念，这主要取决于进行信息单元分析的各个层。例如，传输头（TH）包含只有传输层可以看到的信息，而位于传输层以下的其他所有层将传输头作为各层的数据部分进行传送。在网络层，一个信息单元由网络层协议头（NH）和数据构成；而数据链路层中，由网络层（网络层协议头和数据）传送下去的所有信息均被视为数据。换句话说，特定 OSI 层中信息单元的数据部分可能包含由上层传送下来的协议头、协议尾和数据。

例如，如果计算机 A 要将应用程序中的某数据发送至计算机 B 应用层。计算机 A 的应用层联系任何计算机 B 的应用层所必需的控制信息，都是通过预先在数据上添加协议头。结果信息单元，其包含协议头、数据，可能包含协议尾，被发送至表示层，表示层再添加为计算机 B 的表示层所理解的控制信息的协议头。信息单元的大小随着每一层协议头和协议尾的添加而增加，这些协议头和协议尾包含了计算机 B 的对应层要使用的控制信息。在物理层，整个信息单元通过网络介质传输。

计算机 B 中的物理层接收信息单元并将其传送至数据链路层；然后计算机 B 中的数据链路层读取包含在计算机 A 的数据链路层预先添加在协议头中的控制信息；其次去除协议头和协议尾，剩余部分被传送至网络层。每一层执行相同的动作：从对应层读取协议头和协议尾，并去除，再将剩余信息发送至高一层。应用层执行完后，数据就被传送至计算机 B 中的应用程序接收端，最后收到的正是从计算机 A 应用程序所发送的数据。

网络分层和数据封装过程看上去比较繁杂，但又是相当重要的体系结构，它使得网络通信实现模块化并易于管理。

2.3.3 TCP/IP 协议簇

TCP/IP 协议模型（Transmission Control Protocol/Internet Protocol），包含了一系列构成互联网基础的网络协议，是 Internet 的核心协议，通过 20 多年的发展已日渐成熟，并被广泛应用于局域网和广域网中，目前已成为事实上的国际标准。TCP/IP 协议簇是一组不同层次上的多个协议的组合，通常被认为是一个四层协议系统，与 OSI 的七层模型相对应。如图 2-4 所示。

应用层	HTTP FTP DNS DHCP
传输层	TCP/UDP
网际层	IP ARP ICMP RARP
网络接口层	Ethernet FDDI Token-Ring PPP

图 2-4 TCP/IP 协议簇

TCP/IP 协议叫做传输控制/网际协议，它是 Internet 国际互联网络的基础。TCP/IP 是网络中使用的基本的通信协议。虽然从名字上看 TCP/IP 包括两个协议，即传输控制协议（TCP）和网际协议（IP），但 TCP/IP 实际上是一组协议，它包括上百个各种功能的协议，如远程登录、文件传输和电子邮件等，而 TCP 协议和 IP 协议是保证数据完整传输的两个基本的重要协议。通常说 TCP/IP 是 Internet 协议族，而不单单是 TCP 和 IP。

TCP/IP 协议的基本传输单位是数据包（datagram），TCP 协议负责把数据分成若干个数据包，并给每个数据包加上包头（就像给一封信加上信封），包头上有相应的编号，以保证在数据接收端能将数据还原为原来的格式，IP 协议在每个包头上再加上接收端主机地址，这样数据就能找到自己要去的地方，如果传输过程中出现数据丢失、数据失真等情况，TCP 协议会自动要求数据重新传输，并重新组包。总之，IP 协议保证数据的传输，TCP 协议保证数据传输的质量。TCP/IP 协议数据的传输基于 TCP/IP 协议的四层结构：应用层、传输层、网络层、接口层，数据在传输时每通过一层就要在数据上加个包头，其中的数据供接收端同一层协议使用，而在接收端，每经过一层要把用过的包头去掉，这样来保证传输数据的格式完全一致。

2.3.4 TCP 的三次握手

在 TCP 传输中非常重要的一个原理知识就是 TCP 的三次握手，所谓三次握手（Three-Way Handshake）即建立 TCP 连接，就是指建立一个 TCP 连接时，需要客户端和服务端总共发送 3 个包以确认连接的建立。在 socket 网络编程中，这一过程由客户端执行 connect 来触发，如图 2-5 所示。

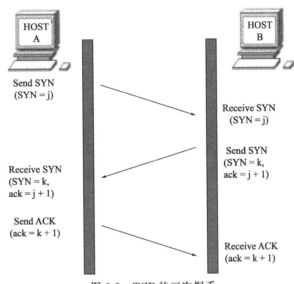

图 2-5 TCP 的三次握手

三次握手协议指的是在发送数据的准备阶段，服务器端和客户端之间需要进行三次交互：第一次握手，客户端发送 SYN 包（SYN=j）到服务器，并进入 SYN_SEND 状态，等待服务器确认；第二次握手，服务器收到 SYN 包，必须确认客户的 SYN（ack=j+1），同时自己也发送一个 SYN 包（SYN=k），即 SYN+ACK 包，此时服务器进入 SYN_RECV 状态；第三次握手，客户端收到服务器的 SYN+ACK 包，向服务器发送确认包 ACK（ack=k+1），此包发送完毕，客户端和服务器进入 ESTAB-LISHED 状态，完成三次握手。连接建立后，客户端和服务器就可以开始进行数据传输了。

2.3.5 TCP 的四次挥手

所谓四次挥手（Four-Way Wavehand）即终止 TCP 连接，就是指断开一个 TCP 连接时，需要客户端和服务端总共发送 4 个包以确认连接的断开。在 socket 网络编程中，这一过程由客户端或服务端任一方执行 close 来触发，如图 2-6 所示。

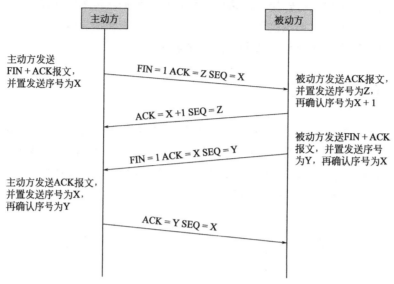

图 2-6　TCP 的四次挥手

由于 TCP 连接是全双工的，因此每个方向都必须单独进行关闭。基本原则是当一方完成它的数据发送任务后就能发送一个 FIN 来终止这个方向的连接。收到一个 FIN 只意味着这一方向上没有数据流动，一个 TCP 连接在收到一个 FIN 后仍能发送数据。首先进行关闭的一方将执行主动关闭，而另一方执行被动关闭。

① TCP 客户端发送一个 FIN，用来关闭客户到服务器的数据传送。

② 服务器收到这个 FIN，它发回一个 ACK，确认序号为收到的序号加 1。和 SYN 一样，一个 FIN 将占用一个序号。

③ 服务器关闭客户端的连接，发送一个 FIN 给客户端。

④ 客户端发回 ACK 报文确认，并将确认序号设置为收到序号加 1。

2.4　主机通信方式

2.4.1　C/S

C/S（Client-Server，客户-服务器方式）是主机 A 如果运行客户端程序，而主机 B 运行服务端程序，客户 A 向服务端 B 发送请求服务，服务器 B 向客户 A 发送接收服务，这种情况下，就是以 C/S 的方式进行通信。所指的客户和服务器都是指通信中涉及的两个应用进程，而不是具体的主机。

2.4.2 P2P

P2P（peer to peer，对等方式）以对等方式进行通信，并不区分客户端和服务端，而是以平等关系进行通信。在对等方式下，可以把每个相连的主机当成既是主机又是客户，可以互相下载对方的共享文件。比如迅雷下载就是典型的 P2P 通信方式。

2.5 计算机网络常用命令实训

计算机网络应用最基本的保障就是物理网络连通，因此掌握基本的网络命令去查看网络的状况是非常重要的，不管是使用哪种终端系统平台，都需要通用的网络命令应用。

2.5.1 ping

ping 用于检测网络是否通畅，以及网络时延情况（工作在 TCP/IP 协议簇的 ICMP 协议上）。在网络可达性测试中使用的分组网间探测命令 ping 能产生 ICMP 回送请求和应答报文。目的主机收到 ICMP 回送请求报文后立刻回送应答报文，若源主机能收到 ICMP 回送应答报文，则说明到达该主机的网络正常。

图 2-7 和图 2-8 所示为在 Windows 和 Linux 上分别测试本地机与百度网的连通性。图 2-7 中 Windows 10 ping 中应用 ping 能够以毫秒为单位显示发送请求到返回应答之间的时间量。如果应答时间短，表示数据报不必通过太多的路由器或网络，连接速度比较快。ping 还能显示 TTL（Time To Live，生存时间）值，通过 TTL 值可以推算数据包通过了多少个路由器，Windows 平台常用的 TTL 值是 256，Linux 平台的是 64，ping 发出的数据包每经过一个路由器，TTL 值减 1，直到 TTL 值减为 0，证明网络是不通的，另外这也是 IP 协议防止路由环路的一种机制。

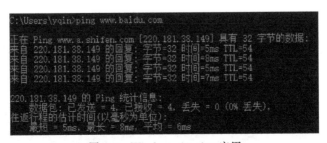

图 2-7　Windows 10 ping 应用

ping 命令的使用方式：

ping IP 地址，例如：ping 127.0.0.1。

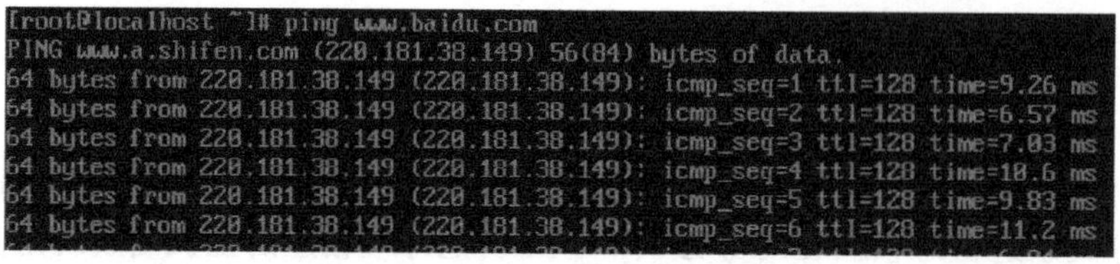

图 2-8 Linux 上的 ping 应用

或者 ping 域名，例如：ping www. baidu. com

2.5.2 Tracert（Windows 系统）/Traceroute（CentOS 系统）

Tracert/Traceroute 命令用来显示数据包到达目标主机所经过的路径，并显示到达每个节点的时间，这一命令在不同系统中名称有区别，但是都被称为路由跟踪命令。这些路径显示信息很多都能够反馈出中间路由器节点、服务器等的主机名称。命令功能同 ping 类似，但它所获得的信息要比 ping 命令详细得多，它把数据包所走的全部路径、节点的 IP 以及花费的时间都显示出来。该命令比较适用于大型网络，在 Windows 平台使用 Tracert（见图 2-9），在 Linux 平台上使用 Traceroute（见图 2-10），都可实现与百度网站的连通应用。

图 2-9 Windows 系统应用实例

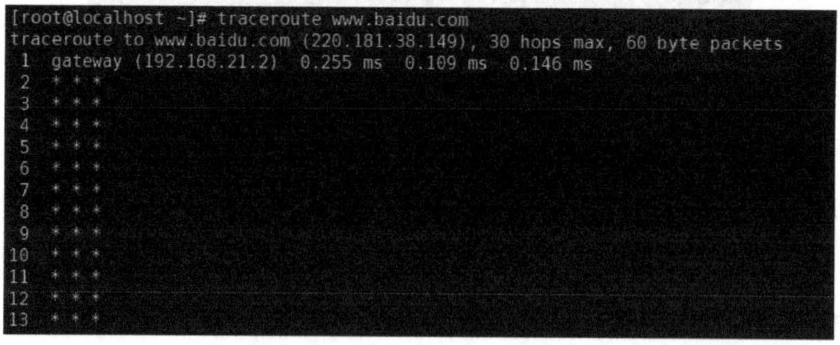

图 2-10 Linux 上的 Traceroute

2.5.3　Ipconfig/Ifconfig

在进行网络应用时都需要查看本地机的 IP 地址信息，这就需要 Ipconfig（Windows 系统）命令，而在 Linux 系统上使用 Ifconfig，在 CentOS7 版本以上使用 ip address 命令。如图 2-11 所示。

图 2-11　Windows 的 Ipconfig 命令

2.5.4　ARP

地址解析协议，即 ARP（Address Resolution Protocol），是根据 IP 地址获取物理地址的一个 TCP/IP 协议。主机发送信息时将包含目标 IP 地址的 ARP 请求广播到局域网络上的所有主机，并接收返回消息，以此确定目标的物理地址；收到返回消息后将该 IP 地址和物理地址存入本机 ARP 缓存中并保留一定时间，下次请求时直接查询 ARP 缓存以节约资源。地址解析协议是建立在网络中各个主机互相信任的基础上的，局域网络上的主机可以自主发送 ARP 应答消息，其他主机收到应答报文时不会检测该报文的真实性就会将其记入本机 ARP 缓存；由此攻击者就可以向某一主机发送伪 ARP 应答报文，使其发送的信息无法到达预期的主机或到达错误的主机，这就构成了一个 ARP 欺骗。ARP 命令可用于查询本机 ARP 缓存中 IP 地址和 MAC 地址的对应关系，添加或删除静态对应关系等。

常见用法如下。

arp -a 或 arp -g

用于查看缓存中的所有项目。-a 和-g 参数的结果是一样的，多年来-g 一直是 Unix 平台上用来显示 ARP 缓存中所有项目的选项，而 Windows 用的是 arp-a（-a 可被视为 all，即全部的意思），但它也可以接受比较传统的-g 选项。

```
arp -a IP
```

如果有多个网卡，那么使用 arp -a 加上接口的 IP 地址，就可以只显示与该接口相关的 ARP 缓存项目。

```
arp -s IP 物理地址
```

可以向 ARP 缓存中人工输入一个静态项目。该项目在计算机引导过程中将保持有效状态，或者在出现错误时，人工配置的物理地址将自动更新该项目。

```
arp -d IP
```

使用该命令能够人工删除一个静态项目。

2.5.5　Netstat

在 Internet RFC 标准中，Netstat 的定义是：Netstat 是在内核中访问网络连接状态及其相关信息的程序，它能提供 TCP 连接、TCP 与 UDP 监听、内存管理的相关报告。

Netstat 是控制台命令，是一个监控 TCP/IP 网络非常有用的工具，它可以显示路由表、实际的网络连接以及每一个网络接口设备的状态信息。Netstat 用于显示与 IP、TCP、UDP 和 ICMP 协议相关的统计数据，一般用于检验本机各端口的网络连接情况。

该命令的一般格式为：

```
netstat [-a] [-b] [-e] [-f] [-n] [-o] [-p proto] [-r] [-s] [-x] [-t] [interval]
```

netstat -a：本选项显示一个所有的有效连接信息列表，包括已建立的连接（ES-TABLISHED），也包括监听连接请求（LISTENING）的那些连接。

netstat -b：本参数可显示在创建网络连接和侦听端口时所涉及的可执行程序。

netstat -s：本选项能够按照各个协议分别显示其统计数据。如果应用程序（如 Web 浏览器）运行速度比较慢，或者不能显示 Web 页之类的数据，那么就可以用本选项来查看一下所显示的信息。需要仔细查看统计数据的各行，找到出错的关键字，进而确定问题所在。

netstat -n：显示所有已建立的有效连接。

2.5.6　Net

这个是在 Windows 系统进行网络管理的重要命令。Net 命令有很多函数用于核查计算机之间的 NetBIOS 连接，可以查看网络环境、服务、用户、登录等信息内容；要想获得 Net 的 HELP，可以：①在 Windows 下可以用图形的方式，开始→帮助→索引→输入 NET；②在 COMMAND 下可以用字符方式，即 NET/？或 NET 或 NET HELP 取得相应的方法的帮助。所有 Net 命令接受选项/yes 和/no（可缩写为/y 和/n）。

（1）Net View

作用是显示域列表、计算机列表或指定计算机的共享资源列表。

命令格式为：

> Net view [\computername | /domain[:domainname]]

有关参数说明：

- 键入不带参数的 Net view 显示当前域的计算机列表；
- \ computername 指定要查看其共享资源的计算机；
- /domain ［：domainname］指定要查看其可用计算机的域。

例如：

Net view ＼GHQ：查看 GHQ 计算机的共享资源列表

Net view /domain：XYZ 查看 XYZ 域中的机器列表

（2）Net User

作用：添加或更改用户账号或显示用户账号信息。

命令格式为：

> Net user [username [password | *] [options]] [/domain]

有关参数说明：

- 键入不带参数的 Net user 查看计算机上的用户账号列表；
- username 添加、删除、更改或查看用户账号名；
- password 为用户账号分配或更改密码；
- * 提示输入密码；
- /domain 在计算机主域的主域控制器中执行操作。

（3）Net Use

作用：连接计算机或断开计算机与共享资源的连接，或显示计算机的连接信息。

命令格式为：

> Net use [devicename|] [\computername\sharename[\volume]| [password| *]][/user:[domainname]username][[/delete]|[/persistent:{yes|no}]]

有关参数说明：

- 键入不带参数的 Net use 列出网络连接；
- devicename 指定要连接到的资源名称或要断开的设备名称；
- \ computername \ sharename 服务器及共享资源的名称；
- password 访问共享资源的密码；
- * 提示键入密码；
- /user 指定进行连接的另外一个用户；

- domainname 指定另一个域；
- username 指定登录的用户名；
- /delete 取消指定网络连接；
- /persistent 控制永久网络连接的使用。

例如：

Net use f：\ GHQ \ TEMP 将 \ GHQ \ TEMP 目录建立为 F 盘

Net use f：\ GHQ \ TEMP /delete 断开连接

第3章
计算机网络系统基础概述

计算机网络的核心是计算机系统的集合，即时担当通信任务的路由器或者交换机等设备通俗地讲也算是计算机，因为整个计算机网络的数据传输都是由网络操作系统提供的网络通信服务组件提供担当。网络操作系统在整个计算机网络中起着非常重要的作用。

3.1 网络系统

网络系统，全称网络操作系统。这个术语被用来表示两个相当不同的概念：一种是运行在路由器、网络交换机、防火墙上特别的操作系统；另一种是面向计算机网络的操作系统，允许网络中的多台计算机访问共享的文件和打印机，允许共享数据、用户、组、安全、应用和其他网络功能。

运行在路由器等网络通信设备上的操作系统对于很多人来说既陌生又很熟悉。一般家庭在进行无线组网时都会购买或者由运营商提供无线路由交换机，但目前很多情况都由现在集成度比较高的光猫（即调制解调器，俗称光 modem）给替代了，要对家里的网络账号进行设置，都需要通过连接设备的网页界面进行设置，这个 Web 连接控制的方式就是小型网络设备的操作系统提供支持的。

面向普通用户的网络操作系统，一般就是我们熟知的 Windows 和 Linux 系统了。由于网络系统支持服务的特殊性，即要求 $7 \times 24h$ 的运行，所以一般都是在服务器系统上安装专门的提供网络服务支持的网络操作系统。网络操作系统与运行在工作站上的单用户操作系统或多用户操作系统由于提供的服务类型不同而有差别。一般情况下，网络操作系统是以使网络相关特性最佳为目的的。如共享数据文件、软件应用以及共享硬盘、打印机、调制解调器、扫描仪和传真机等。

3.2 生产环境中的网络操作系统

网络操作系统在计算机网络应用中担当各种服务的支撑，下面就具体看看生产环境中都会碰到什么样的网络操作系统。

3.2.1 Windows Server

微软的 Windows 桌面系统是在我国普及程度最高的系统软件，主要得益于我国广阔的市场，很多中小企业都使用 Windows Server 的域管理进行企业局域网的资源共享应用，同时微软推出的 MCSE 系列服务器类的认证也起到了很大作用。随着我国经济和技术的发展，版权意识的加强，对服务器系统资源要求较高、稳定性不高、价格昂贵的 Windows Server 系列网络系统逐渐被市场摒弃。

3.2.2 Linux 类

Linux 的免费、开源的特性得到了全球开发者的广泛支持，其安全、稳定性得到市场的广泛认可。Linux 系列的操作系统包括 RHEL、CentOS、Ubuntu、SUSE、Debian 等，这些操作系统最大的特点就是支持网络应用，而且遵循 GNU 的 GPL，使得用户的软件成本大大降低。在我国的系统软件发展中，基于 Debian 的 UOS 和 DeepIn 系统也受到国家的大力支持，未来也会在我们的计算机网络服务中提供资源支撑。

3.2.3 Unix 系统

Unix 是 20 世纪 70 年代初出现的一个操作系统，支持网络文件系统服务，提供数据等应用，功能强大，由 AT&T 公司推出。这种网络操作系统稳定性和安全性能非常好，但由于它多数是以命令方式来进行操作的，不容易掌握，特别是初级用户。正因如此，小型局域网基本不使用 Unix 作为网络操作系统，Unix 一般用于大型的网站或大型的企事业局域网中。Unix 网络操作系统历史悠久，其良好的网络管理功能已为广大网络用户所接受，拥有丰富的应用软件的支持。

3.2.4 网络设备的 IOS

在生产环境里有两大类的网络命令集的网络操作系统，一般都使用 CLI（Command Line Interface）方式进行网络管理。

一类是 Cisco 的网际操作系统（IOS：Internetwork Operating System），是一个为网际互联优化的复杂的操作系统。它是一个与硬件分离的软件体系结构，随网络技术的不断发展，可动态地升级以适应不断变化的技术（软件）。最早由 William Yeager 在 1986 年编写。国产网络设备厂商锐捷网络、神州数码网络的命令集与 Cisco 设备的命令集有很大的相似性，因此在生产环境中通过查询设备手册就可以进行通用配置。

另一类是以华为 VRP 和 H3C 的 Compare 为代表的网络操作系统，这些技术的发展得益于老牌网络设备商 3COM 公司。华为与 3COM 公司早期联手成立了华为 3COM 合资公司，就是为了与思科进行网络设备方面的竞争。随着华为重新独立回到数据通信领域，现在已成为重要的网络设备与方案的提供商。

3.3 GNU 和 GPL

"GNU" 是 "GNU's Not Unix!"（GNU 并非 Unix!）的首字母递归缩写。GNU 是一个自由的操作系统，其内容软件完全以 GPL 方式发布。GNU 的创始人 Richard Stallman，将 GNU 视为 "达成社会目的技术方法"，1985 年他又创立了自由软件基金会（Free Software Foundation）来为 GNU 计划提供技术、法律以及财政支持。1991 年 Linus Torvalds 编写出了与 Unix 兼容的 Linux 操作系统内核并在 GPL 条款下发布。Linux 之后在网上广泛流传，许多程序员参与了开发与修改。1992 年 Linux 与其他 GNU 软件结合，完全自由的操作系统正式诞生。该操作系统往往被称为 "GNU/Linux" 或简称 Linux。

GNU 包含 3 个协议条款：①GPL，GNU 通用公共许可证（GNU General Public License）；②LGPL，GNU 较宽松公共许可证（GNU Lesser General Public License），旧称 GNU Library General Public License（GNU 库通用公共许可证）；③GFDL，GNU 自由文档许可证（GNU Free Documentation License）。

GPL 通过如下途径实现这一目标：

① 它要求软件以源代码的形式发布，并规定任何用户能够以源代码的形式将软件复制或发布给别的用户。

② 如果用户的软件使用了受 GPL 保护的任何软件的一部分，那么该软件就继承了 GPL 软件，并因此而成为 GPL 软件，也就是说必须随应用程序一起发布源代码。

③ GPL 并不排斥对自由软件进行商业性质的包装和发行，也不限制在自由软件的基础上打包发行其他非自由软件。

3.4 CentOS Linux 网络系统

CentOS 是免费的、开源的、可以重新分发的开源操作系统，CentOS（Community

Enterprise Operating System，中文意思是社区企业操作系统）是 Linux 发行版之一。CentOS Linux 发行版是一个稳定的、可预测的、可管理的和可复现的平台，源于 Red Hat Enterprise Linux（RHEL）依照开放源代码（大部分是 GPL 开源协议）规定释出的源码所编译而成。自 2004 年 3 月以来，CentOS Linux 一直是社区驱动的开源项目，旨在与 RHEL 在功能上兼容，而且在 RHEL 的基础上修正了不少已知的 Bug，相对于其他 Linux 发行版，其稳定性值得信赖。

CentOS 是免费的，可以使用它像使用 RHEL 一样去构筑企业级的 Linux 系统环境，但不需要向 RedHat 付任何的费用。每个版本的 CentOS 都会获得十年的支持（通过安全更新方式），新版本的 CentOS 大约每两年发行一次。而每个版本的 CentOS 会定期（大概每六个月）更新一次，以便支持新的硬件。通过这样建立一个安全、低维护、稳定、高预测性、高重复性的 Linux 环境。

然而，RedHat 被 IBM 收购后，CentOS 的命运有了新的变化。2020 年 12 月 8 日，CentOS 项目宣布，CentOS 8 将于 2021 年底结束，而 CentOS 7 将在其生命周期结束后停止维护。官方解释说：将来的 CentOS 项目会是 CentOS Stream，在接下来的一年中，会将焦点从重新构建 RHEL 的 CentOS Linux 转换为 CentOS Stream，处于比当前 RHEL 发行版本更早一些的轨道。CentOS Linux 8，也即 RHEL 8 的重新构建版，将在 2021 年底截止。CentOS Stream 会在此日期后继续，以 RHEL 作为上游开发分支为用户提供服务。直白的意思就是以后没有 CentOS Linux 了。

尽管 CentOS 的发展已经有了很大问题，由于我国的广大市场还是有很多系统都在使用稳定的 CentOS Linux，而且 RHEL 还是有比较好的市场，所以可以继续进行系统的学习。

3.5 CentOS Linux 的基本应用

Linux 系统的软件与应用和 Window 的软件有很大不同，从最小化安装的系统入手，是进行网络系统学习的最好办法。

3.5.1 系统的启动

使用 VMWare WorkStation 安装最小化版本 CentOS-7-x86 _ 64-Minimal-2009 成功后，启动系统，会出现图 3-1 所示黑屏界面，这是典型的命令行界面。其中 Kernel 3.10.0-1160.el7.x86 _ 64 是 Linux 系统的内核版本。

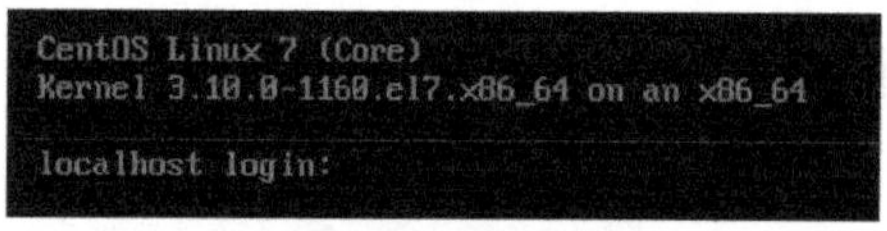

图 3-1 系统启动

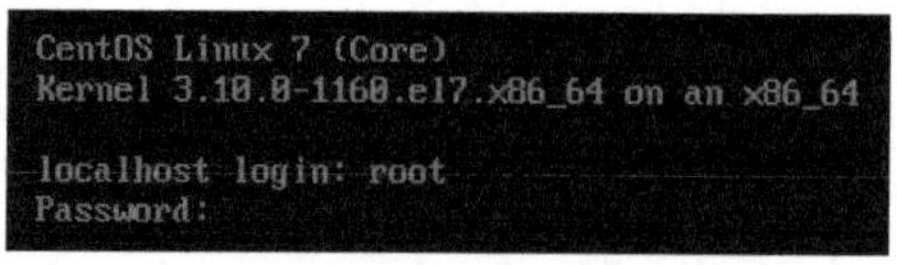

图 3-2 录入用户 root 和密码

在 localhost login：后输入用户名，因为在安装过程中只设置了系统的超级管理员 root，输入 root 按回车，就会出现图 3-2 录入用户 root 和密码所示 Password：项。

录入 root 用户的密码，此时按键盘不会出现任何字符，这是 Linux 应用的典型表现，输入完正确的密码后，直接按回车就可以进入系统管理，如图 3-3 所示，在新的一行显示了登录的用户名为 root，其后跟了一个@符号，后面的 localhost 是 Linux 主机名称，符号～表示进入了登录用户的家目录，方括号后的 # 表示是 root 用户，额外的以后会遇到对应的 $ 符号，表示非 root 用户。

```
localhost login: root
Password:
Last login: Mon Mar 15 02:41:48 on tty1
[root@localhost ~]#
```

图 3-3　系统管理界面

root 存在于 Unix 系统（如 AIX、BSD 等）和类 Unix 系统（如 Debian、Red Hat、Ubuntu 等版本的 Linux 系统以及 Android 系统）中，是系统的超级用户，相当于 Windows 系统中的 administrator 用户。root 用户是系统中唯一的超级管理员，它具有等同于操作系统的权限。一些需要 root 权限的应用，譬如广告阻挡，是需要 root 权限的。可问题在于 root 比 Windows 的系统管理员的能力更大，足以把整个系统的大部分文件删掉，导致系统完全毁坏，不能再次使用。所以，用 root 进行不当的操作是相当危险的，轻微的可以死机，严重的甚至不能开机。所以，在 Unix、Linux 及 Android 中，除非确实需要，一般情况下都不推荐使用 root。最好单独建立一个普通的用户，作为日常之用。正因为 root 权限大，很多黑客都将获取 root 权限作为最高目标。

3.5.2　网络参数设置

进入系统后，使用前面的网络命令 ping 一下常用的网络，如 ping www.baidu.com，会发现出现无法连接网络的状况，如图 3-4 所示。

```
[root@localhost ~]# ping www.baidu.com
ping: www.baidu.com: Name or service not known
```

图 3-4　无法连接百度

不管是使用 vm 工具中的 NAT 网络设置还是本地连接，都会遇到这种状况。通常会在系统中使用命令 ifconfig 或者 ip address 查看系统的网络地址，这里使用 ip address 命令显示网卡的信息，如图 3-5 所示。

```
[root@localhost ~]# ip address
1: lo: <LOOPBACK,UP,LOWER_UP> mtu 65536 qdisc noqueue state UNKNOWN group default qlen 1000
    link/loopback 00:00:00:00:00:00 brd 00:00:00:00:00:00
    inet 127.0.0.1/8 scope host lo
       valid_lft forever preferred_lft forever
    inet6 ::1/128 scope host
       valid_lft forever preferred_lft forever
2: ens33: <BROADCAST,MULTICAST,UP,LOWER_UP> mtu 1500 qdisc pfifo_fast state UP group default qlen 10
00
    link/ether 00:0c:29:05:6b:bd brd ff:ff:ff:ff:ff:ff
```

图 3-5　ip address 命令显示网络信息

这里显示了两个网卡信息。1：lo 表示的是回环测试虚拟网卡 loopback 接口，一般赋予的 ip 地址为 127.0.0.1/8，主要是用于测试网络的 TCP/IP 协议是否安装；2：ens33 通常表示运行的 Linux 的物理网卡，网卡信息中没有显示出任何 ip 地址的信息。

鉴于上面的信息，使用命令去查看网卡 ens33 的配置信息。CentOS 的网卡配置文件都是在路径/etc/sysconfig/network-scripts 下，使用文本编辑器 vi 来进行网卡 ens33 的信息的查看和修改，使用命令

vi/etc/sysconfig/network-scripts/ifcfg-ens33

输入回车后显示如图 3-6 所示。

```
TYPE=Ethernet
PROXY_METHOD=none
BROWSER_ONLY=no
BOOTPROTO=dhcp
DEFROUTE=yes
IPV4_FAILURE_FATAL=no
IPV6INIT=yes
IPV6_AUTOCONF=yes
IPV6_DEFROUTE=yes
IPV6_FAILURE_FATAL=no
IPV6_ADDR_GEN_MODE=stable-privacy
NAME=ens33
UUID=b9f58842-dc4f-41fe-9409-31653d4cbde6
DEVICE=ens33
ONBOOT=no
```

图 3-6　ens33 网卡配置信息

在 ens33 的网卡信息中 TYPE＝Ethernet 表示是以太网，BOOTPROTO＝dhcp 表示使用动态地址获取方式，ONBOOT＝no 表示网卡为启动应用。这时就需要改写 ONBOOT＝yes。使用 vi 的命令，在键盘上敲入 i 键，使用键盘的方向键移动光标到需要修改的地方，进行修改，完成后使用键盘的 Esc 键退出 vi 编辑的 INSERT 状态，使用英文键入状态 shift＋：的方式打开 vi 管理界面，输入 wq 进行保存和退出操作。

使用 systemctl restart network 或者 service network restart 命令重启网络配置操作。

再次进行网络连通性测试，如图 3-7 所示，从目的 IP 地址获得了应答包，表示此时系统已经可以上网了。

```
[root@localhost ~]# ping www.baidu.com
PING www.a.shifen.com (220.181.38.150) 56(84) bytes of data.
64 bytes from 220.181.38.150 (220.181.38.150): icmp_seq=1 ttl=128 time=6.01 ms
64 bytes from 220.181.38.150 (220.181.38.150): icmp_seq=2 ttl=128 time=6.52 ms
```

图 3-7　连通百度

再次使用 ip address 命令查看网卡信息，如图 3-8 所示，与图 3-5 相比，此时 ens33 网卡获得了系统联网的基本要素 IP 地址：192.168.200.129/24。其中网段 192.168.200.0/24 是由虚拟机工具 VMWare 的虚拟网络编辑器的网卡信息赋予的。

```
[root@localhost ~]# ip address
1: lo: <LOOPBACK,UP,LOWER_UP> mtu 65536 qdisc noqueue state UNKNOWN group default qlen 1000
    link/loopback 00:00:00:00:00:00 brd 00:00:00:00:00:00
    inet 127.0.0.1/8 scope host lo
       valid_lft forever preferred_lft forever
    inet6 ::1/128 scope host
       valid_lft forever preferred_lft forever
2: ens33: <BROADCAST,MULTICAST,UP,LOWER_UP> mtu 1500 qdisc pfifo_fast state UP group default qlen 10
00
    link/ether 00:0c:29:05:6b:bd brd ff:ff:ff:ff:ff:ff
    inet 192.168.200.129/24 brd 192.168.200.255 scope global noprefixroute dynamic ens33
       valid_lft 1552sec preferred_lft 1552sec
    inet6 fe80::470b:1a4b:d9f9:9dc0/64 scope link noprefixroute
       valid_lft forever preferred_lft forever
```

图 3-8 开启网卡后获得 ip 地址

3.5.3 SSH 远程连接

网络系统的远程连接是进行系统管理的重要方式。在 Linux 系统上只要安装远程服务 SSH 就可以实现远程管理。

SSH（secure shell）是一种通用的、功能强大的基于软件的网络安全解决方案，计算机每次向网络发送数据时，SSH 都会自动对其进行加密。数据到达目的地时，SSH 自动对加密数据进行解密。整个过程都是透明的。Linux 系统上使用的都是开源免费的 OpenSSH，使用公钥加密技术，可以提供两级身份验证：服务器和客户端/用户。首先，客户端验证自己是否连接到正确的服务器。然后，OpenSSH 对系统之间的通信进行加密。一旦建立了一个安全的、经过加密的连接，OpenSSH 就能够确保用户是经过授权的，可以登录该服务器或者将文件复制到服务器或者从服务器上复制文件。在验证了系统和用户之后，OpenSSH 允许在该连接上传输多种服务。这些服务包括交互式 shell 会话（ssh）、远程命令执行（ssh 和 scp）、X11 客户端/服务器连接以及 TCP/IP 端口隧道。

这里主要是利用 SSH 使用远程终端工具 Xshell、Putty、SecureCRT 等远程连接虚拟机中的 Linux 系统，便于进行管理操作。首先使用命令

```
rpm -qa|grep ssh
```

其中 rpm 是 RHEL 的基本包安装工具，通过 q 和 a 参数进行系统数据包查询，通过管道符 | ，在上一命令基础上执行查找命令 grep，显示如图 3-9 所示。

可以看到 openssh 已经安装，下面只需要使用终端连接软件进行连接。打开 Xshell，如图 3-10 所示。

```
[root@localhost ~]# rpm -qa | grep ssh
openssh-server-7.4p1-21.el7.x86_64
openssh-clients-7.4p1-21.el7.x86_64
libssh2-1.8.0-4.el7.x86_64
openssh-7.4p1-21.el7.x86_64
```

图 3-9 查看系统是否安装 SSH

先进行宿主机（就是使用的本地机）与虚拟机的连通性测试，在 Xshell 的主界面中 ping 192.168.200.129，如图 3-11 所示。

在连通的状态下，打开新建连接，在名称处输入自己定义的名称，主机处输入虚拟机的 ip 地址：192.168.200.129，这个地址是前面获得的，如图 3-12 所示。

Xshell 5 (Free for Home/School)
文件(F) 编辑(E) 查看(V) 工具(T) 选项卡(B) 窗口(W) 帮助(H)
主机,IP地址或会话名称
1 本地Shell
Xshell 5 (Build 0553)
Copyright (c) 2002-2015 NetSarang Computer, Inc. All rights reserved.
Type `help' to learn how to use Xshell prompt.
[c:\~]$
仅将文本发送到当前选项卡
未连接。
xterm
71x14
5,9
1 会话
CAP NUM

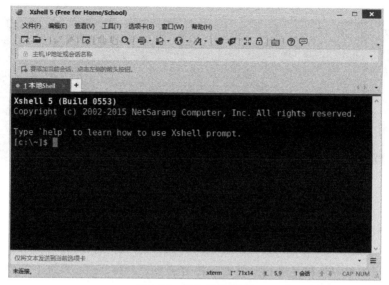

图 3-10 Xshell 的启动

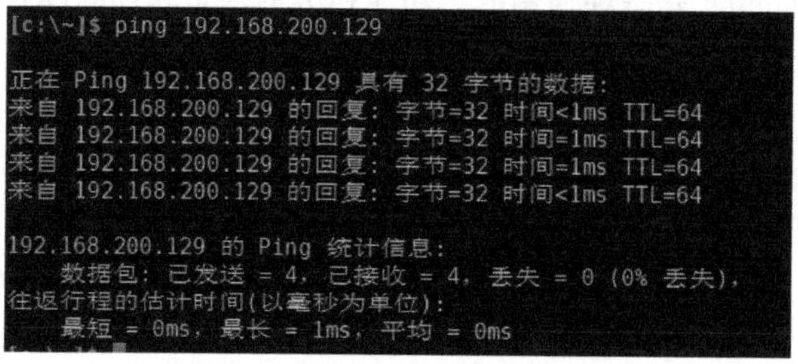

[c:\~]$ ping 192.168.200.129
正在 Ping 192.168.200.129 具有 32 字节的数据:
来自 192.168.200.129 的回复: 字节=32 时间<1ms TTL=64
来自 192.168.200.129 的回复: 字节=32 时间=1ms TTL=64
来自 192.168.200.129 的回复: 字节=32 时间=1ms TTL=64
来自 192.168.200.129 的回复: 字节=32 时间<1ms TTL=64
192.168.200.129 的 Ping 统计信息:
数据包: 已发送 = 4, 已接收 = 4, 丢失 = 0 (0% 丢失),
往返行程的估计时间(以毫秒为单位):
最短 = 0ms, 最长 = 1ms, 平均 = 0ms

图 3-11 宿主机与虚拟机的连通性

新建会话 (4)属性
类别(C):
连接
用户身份验证
登录提示符
登录脚本
SSH
安全性
隧道
SFTP
TELNET
RLOGIN
SERIAL
代理
保持活动状态
终端
键盘
VT 模式
高级
外观
边距
高级
跟踪
日志记录
ZMODEM
连接
常规
名称(N):
centos
协议(P):
SSH
主机(H):
192.168.200.129
端口号(O):
22
说明(D):
重新连接
连接异常关闭时自动重新连接(A)
间隔(V):
0
秒
限制(L):
0
分钟
确定
取消

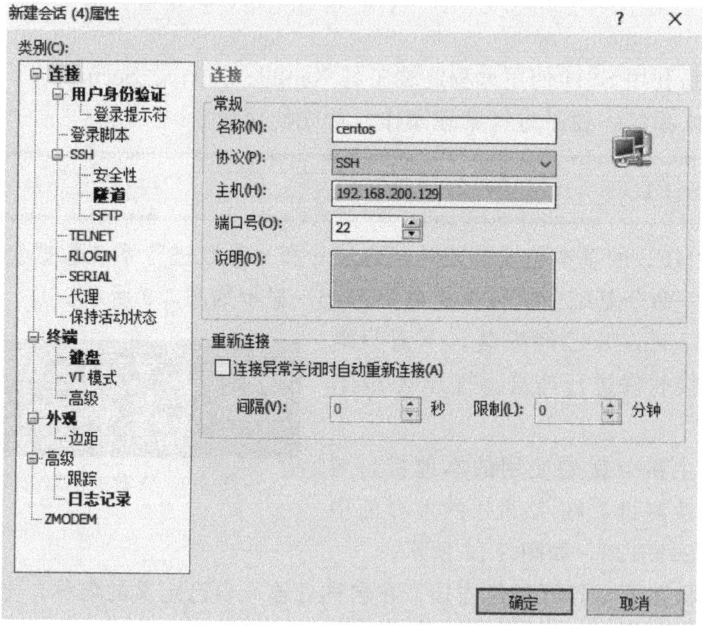

图 3-12 Xshell 新建虚拟机连接

点击确定，后进入会话对话框，如图 3-13 所示。

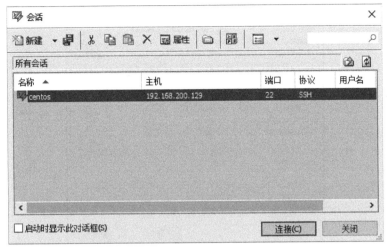

图 3-13　会话框

点击会话框中的连接，打开图 3-14 所示界面。

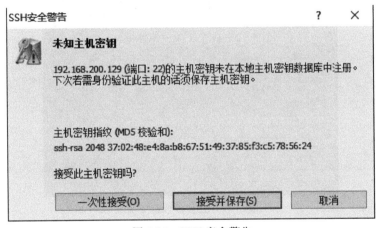

图 3-14　SSH 安全警告

点击接受并保存按钮，就打开输入用户名称对话框，如图 3-15 所示。点击确定后打开图 3-16 所示界面，输入密码，后连接到虚拟机后，显示图 3-17，这样就远程连接

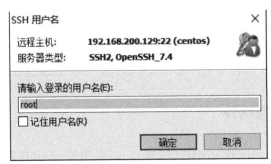

图 3-15　输入 SSH 用户名

到了虚拟机。

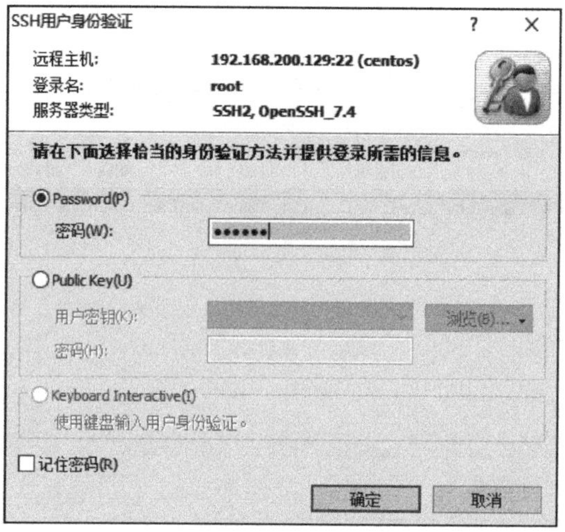

图 3-16　输入密码

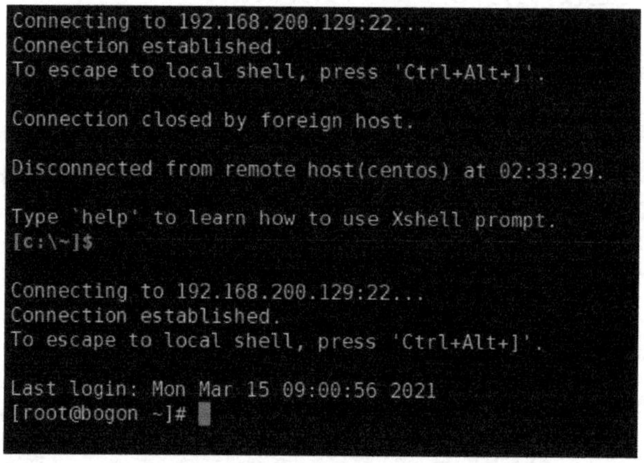

图 3-17　连接虚拟机成功

使用终端软件的 SSH 协议连接虚拟机是一个常见的网络调试过程，具体思路如下。

① 先用 ping 测试源主机和目的主机之间的连通性；如果连通就进行第②步，否则就要使用前面的网络参数设置去查看网卡的相关信息，有时甚至还需要去看看虚拟机工具的网络参数是否有问题。

② 使用终端软件或者 shell 的 ssh 协议连接 SSHServer 的 22 号端口，使用正确的用户名和密码进行连接。

③ 只有看到连入了远程系统并进行命令应用，才算完成远程访问应用。

3.5.4　Yum 管理软件

Yum 是一个在 Fedora 和 RedHat 以及 CentOS 中的 Shell 前端软件包管理器。基于 RPM 包管理，能够从指定的服务器自动下载 RPM 包并且安装，可以自动处理依赖性关系，并且一次安装所有依赖的软件包，无需繁琐地一次次下载、安装。

在进行 Linux 系统的 ip 地址查看操作时，还可以使用命令 ifconfig，可以看到此时如图 3-18 所示。

图 3-18　未找到命令

这就意味着没有安装支持 ifconfig 命令的软件。如何去找到相关信息呢，这就要使用 CentOS 的安装包管理软件 Yum 了，最早以前 Red Hat 都是使用 rpm 进行软件包的管理，由于涉及很多软件的编译等操作的依赖性，所以后来都使用了成熟的工具 Yum，这个软件能够自动帮助用户找到相关依赖的软件包。

对于新的命令，可以使用 man 这个命令进行查看，可以在其中查询到命令的描述，命令的使用方式，命令应用的参数，以及命令使用 example。

根据这种思路用 yum search 的方式查询 ifconfig 命令的相关软件包。如图 3-19 所示。

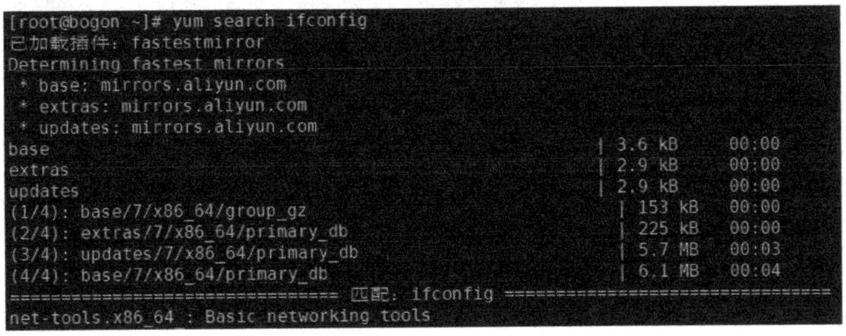

图 3-19　yum 查询 ifconfig 命令的软件包

可以查到 net-tools. x86 _ 64 这个包需要安装。继续使用 yum install 进行软件包的安装，如图 3-20 所示。

图 3-20　安装 net-tools

安装完毕后，使用 ifconfig 命令，就可以查看系统的网卡信息了。如图 3-21 所示。

Yum 之所以能够很方便地安装软件包，就在于对于软件安装镜像的设置，yum 源的文件在路径/etc/yum. repo. d 下，进入这一目录中，可以查看到图 3-22 所示文件。

这些 repo 文件保证了在联网状态下进行软件包的查询和提供支持作用。对于通用的 yum 源设置，也可以进行本地设置，但是对于开源免费的 CentOS 来说，原安装光盘不一定包含有所需的软件包，因此还是建议使用网络资源，另外就是建议把 repo 文件中的镜像设置为国内服务器的应用，如 163、aliyun 等。

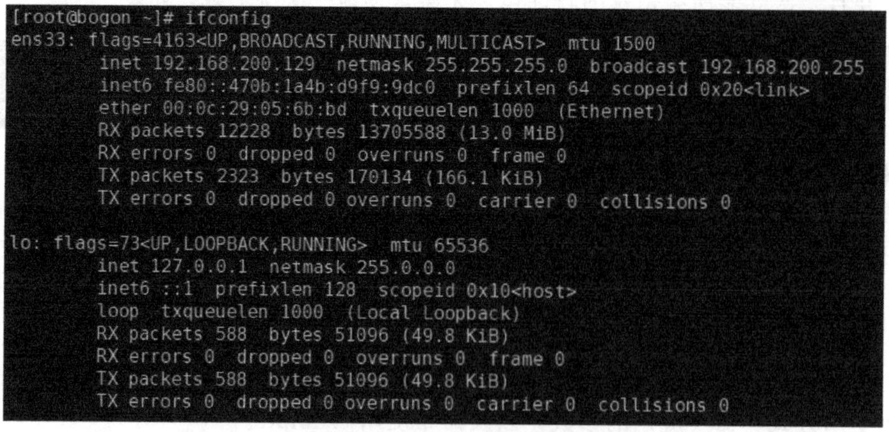

```
[root@bogon ~]# ifconfig
ens33: flags=4163<UP,BROADCAST,RUNNING,MULTICAST>  mtu 1500
        inet 192.168.200.129  netmask 255.255.255.0  broadcast 192.168.200.255
        inet6 fe80::470b:1a4b:d9f9:9dc0  prefixlen 64  scopeid 0x20<link>
        ether 00:0c:29:05:6b:bd  txqueuelen 1000  (Ethernet)
        RX packets 12228  bytes 13705588 (13.0 MiB)
        RX errors 0  dropped 0  overruns 0  frame 0
        TX packets 2323  bytes 170134 (166.1 KiB)
        TX errors 0  dropped 0 overruns 0  carrier 0  collisions 0

lo: flags=73<UP,LOOPBACK,RUNNING>  mtu 65536
        inet 127.0.0.1  netmask 255.0.0.0
        inet6 ::1  prefixlen 128  scopeid 0x10<host>
        loop  txqueuelen 1000  (Local Loopback)
        RX packets 588  bytes 51096 (49.8 KiB)
        RX errors 0  dropped 0  overruns 0  frame 0
        TX packets 588  bytes 51096 (49.8 KiB)
        TX errors 0  dropped 0 overruns 0  carrier 0  collisions 0
```

图 3-21　ifconfig 显示信息

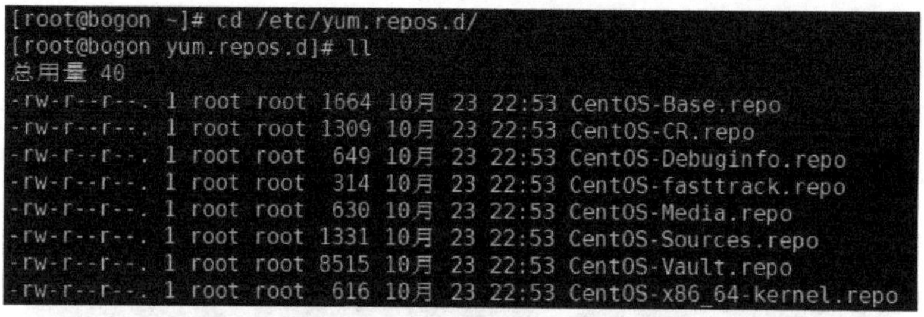

```
[root@bogon ~]# cd /etc/yum.repos.d/
[root@bogon yum.repos.d]# ll
总用量 40
-rw-r--r--. 1 root root 1664 10月 23 22:53 CentOS-Base.repo
-rw-r--r--. 1 root root 1309 10月 23 22:53 CentOS-CR.repo
-rw-r--r--. 1 root root  649 10月 23 22:53 CentOS-Debuginfo.repo
-rw-r--r--. 1 root root  314 10月 23 22:53 CentOS-fasttrack.repo
-rw-r--r--. 1 root root  630 10月 23 22:53 CentOS-Media.repo
-rw-r--r--. 1 root root 1331 10月 23 22:53 CentOS-Sources.repo
-rw-r--r--. 1 root root 8515 10月 23 22:53 CentOS-Vault.repo
-rw-r--r--. 1 root root  616 10月 23 22:53 CentOS-x86_64-kernel.repo
```

图 3-22　yum 的 repo 文件

这里可以先进行百度相关搜索，如检索关键字“163 repo”，就可以找到 163 的镜像源页面推荐，点击就可以打开 http：//mirrors. 163. com/. help/centos. html，然后可以在页面中找到相应版本的 repo 文件。

使用命令

```
curl -o CentOS-Base. repo http://mirrors. 163. com/. help/CentOS7-Base-163. repo
```

就可以把 163 的镜像源写入到 CentOS-Base. repo 文件中，这里特别说明一下也可以自己建立一个 repo 文件，然后使用上述命令写入。

3.6　CentOS Linux 的用户和文件

使用过 Windows 系统的用户都知道，文件在硬盘的不同分区里，硬件都在设备管理器中进行控制，看似文件与硬件系统没什么关联，这种思路直接导致用户在 Linux 系统中的不适应。Linux 系统的安全和稳定性主要体现在对用户账号和文件的管理上。不管是硬件还是文件，系统都是以文件形式体现的，用户和文件都有相应的权限。

3.6.1 用户管理

Linux 系统是一个多用户多任务的分时操作系统，任何一个要使用系统资源的用户，都必须首先向系统管理员申请一个账号，然后以这个账号的身份进入系统。用户的账号一方面可以帮助系统管理员对使用系统的用户进行跟踪，并控制他们对系统资源的访问；另一方面也可以帮助用户组织文件，并为用户提供安全性保护。每个用户账号都拥有一个唯一的用户名和各自的口令。用户在登录时键入正确的用户名和口令后，就能够进入系统和自己的主目录。命令行界面的符号～表示用户登录后直接进入了用户家目录。

Linux 系统中的每一个用户账号都有一个数字形式的身份标记，称为 UID（User Identity 用户标识号），对于系统核心来说，UID 作为区分用户的基本依据，原则上每个用户的 UID 号应该是唯一的。root 用户账号的 UID 号为固定值 0，而程序用户账号的 UID 号默认为 1～999，1000～60000 的 UID 号默认分配给普通用户使用。

3.6.2 用户管理命令

用户账号的管理工作主要涉及用户账号的添加、修改和删除。添加用户账号就是在系统中创建一个新账号，然后为新账号分配用户号、用户组、主目录和登录 Shell 等资源。刚添加的账号是被锁定的，无法使用。用户管理命令见表 3-1。

表 3-1　用户管理命令

功能	命令	语法格式	参数选项
添加新的用户账号	useradd	useradd 选项用户名	-c(comment)：指定一段注释性描述 -d(目录)：指定用户主目录，如果此目录不存在，则同时使用-m 选项，可以创建主目录 -g(用户组)：指定用户所属的用户组 -s(Shell 文件)：指定用户的登录 Shell -u(用户号)：指定用户的用户号，如果同时有-o 选项，则可以重复使用其他用户的标识号
删除账号	userdel	userdel 选项用户名	-r：把用户的主目录一起删除
用户口令的管理	passwd	passwd 选项用户名	-l：锁定口令，即禁用账号 -u：口令解锁 -d：使账号无口令 -f：强迫用户下次登录时修改口令
修改账号	usermod	usermod 选项用户名	常用的选项包括-c、-d、-m、-g、-G、-s、-u 以及-o 等，这些选项的意义与 useradd 命令中的选项一样，可以为用户指定新的资源值
增加一个新的用户组	groupadd	groupadd 选项用户组	-g(GID)：指定新用户组的组标识号(GID) -o：一般与-g 选项同时使用，表示新用户组的 GID 可以与系统已有用户组的 GID 相同
删除一个已有的用户组	groupdel	groupdel 用户组	-r：把用户的主目录一起删除

功能	命令	语法格式	参数选项
添加删除组成员	gpasswd	gpasswd 选项用户名用户组	-a:向组内添加一个用户 -d:从组内删除一个用户成员 -M:定义组成员列表,以逗号分隔
用户组之间切换	newgrp	newgrp 组名	一个用户同时属于多个用户组,那么用户可以在用户组之间切换,以便具有其他用户组的权限
修改账号	groupmod	groupmod 选项用户组	-g:GID 为用户组指定新的组标识号 -o:与-g 选项同时使用,用户组的新 GID 可以与系统已有用户组的 GID 相同 -n(新用户组):将用户组的名字改为新名字

3.6.3 用户组的管理

每个用户都有一个用户组,系统可以对一个用户组中的所有用户进行集中管理。不同 Linux 系统对用户组的规定有所不同,如 Linux 下的用户属于与它同名的用户组,这个用户组在创建用户时同时创建。用户组的管理涉及用户组的添加、删除和修改。

3.6.4 管理用户文件

完成用户管理的工作有许多种方法,但是每一种方法实际上都是对有关的系统文件进行修改。与用户和用户组相关的信息都存放在一些系统文件中,这些文件包括/etc/passwd,/etc/shadow,/etc/group 等。

① /etc/passwd 用于保存用户名称、宿主目录、登录 Shell 等基本信息。使用 cat 命令可以查看文件中的内容,如图 3-23 所示。

```
[root@bogon ~]# cat /etc/passwd
root:x:0:0:root:/root:/bin/bash
bin:x:1:1:bin:/bin:/sbin/nologin
daemon:x:2:2:daemon:/sbin:/sbin/nologin
adm:x:3:4:adm:/var/adm:/sbin/nologin
lp:x:4:7:lp:/var/spool/lpd:/sbin/nologin
sync:x:5:0:sync:/sbin:/bin/sync
shutdown:x:6:0:shutdown:/sbin:/sbin/shutdown
halt:x:7:0:halt:/sbin:/sbin/halt
mail:x:8:12:mail:/var/spool/mail:/sbin/nologin
operator:x:11:0:operator:/root:/sbin/nologin
games:x:12:100:games:/usr/games:/sbin/nologin
ftp:x:14:50:FTP User:/var/ftp:/sbin/nologin
nobody:x:99:99:Nobody:/:/sbin/nologin
systemd-network:x:192:192:systemd Network Management:/:/sbin/nologin
dbus:x:81:81:System message bus:/:/sbin/nologin
polkitd:x:999:998:User for polkitd:/:/sbin/nologin
sshd:x:74:74:Privilege-separated SSH:/var/empty/sshd:/sbin/nologin
postfix:x:89:89::/var/spool/postfix:/sbin/nologin
chrony:x:998:996::/var/lib/chrony:/sbin/nologin
```

图 3-23 passwd 文件内容

文件中的每一行代表一个账户信息,例如

```
root:x:0:0:root:/root:/bin/bash
```

由冒号分隔的 7 个字段组成，具体格式和含义如表 3-2 所示。

表 3-2　passwd 用户条目的格式和含义

字段名	具体含义
用户名	代表用户账号的字符串，通常长度不超过 8 个字符，并且由大小写字母和/或数字组成
口令	这个字段存放的只是用户口令的加密串，不是明文，这里的 x 是占位符
用户标识号	UID 一般情况下与用户名是一一对应的。如果几个用户名对应的用户标识号是一样的，系统内部将把它们视为同一个用户，但是它们可以有不同的口令、不同的主目录以及不同的登录 Shell 等
组标识号	GID 对应着/etc/group 文件中的一条记录
注释性描述	用户说明，用做 finger 命令的输出
主目录	用户在登录到系统之后所处的目录
登录 Shell	用户登录后，要启动一个进程，负责将用户的操作传给内核，这个进程是用户登录到系统后运行的命令解释器或某个特定的程序，即 Shell

② /etc/shadow 用于保存用户的密码、账号有效期等信息。使用 cat 命令查看，如图 3-24 所示。

```
[root@bogon ~]# cat /etc/shadow
root:$6$ZeCyV7BU.AFPE15t$qqAx9/Dwr26IU4.Qm7TTPeCIDQsXzmP8thccBRRRM/nYH0/6qgJs65p
.gsdGY4It/7zl0FTwxFvIdm/Twi5GM0::0:99999:7:::
bin:*:18353:0:99999:7:::
daemon:*:18353:0:99999:7:::
```

图 3-24　shadow 文件内容

每一行代表一个用户的密码管理内容，与用户信息一样是使用冒号分隔的 9 个字段信息，具体信息如下。

第 1 字段：用户账号名称，例如 root。

第 2 字段：使用 SHA-512（哈希算法中的一种）加密的密码字串信息，当为 " * " 或 "!!" 时表示此用户不能登录到系统。若该字段内容为空，则该用户无需密码即可登录系统。

第 3 字段：上次修改密码的时间，表示从 1970 年 01 月 01 日算起到最近一次修改密码时间隔的天数。

第 4 字段：密码的最短有效天数，自本次修改密码后，必须至少经过该天数才能再次修改密码。默认值为 0，表示不进行限制。

第 5 字段：密码的最长有效天数，自本次修改密码后，经过该天数以后必须再次修改密码。默认值为 99999，表示不进行限制。

第 6 字段：提前多少天警告用户密码将过期，默认值为 7。

第 7 字段：在密码过期之后多少天内禁用此用户。

第 8 字段：账号失效时间，此字段指定了用户作废的天数（从 1970 年 01 月 01 日起计算），默认值为空，表示账号永久可用。

第 9 字段：保留字段，目前没有特定用途。

③ 用户组的所有信息都存放在/etc/group 文件中。此文件的格式也类似于/etc/passwd 文件，由冒号（:）隔开若干个字段，这些字段有：

组名：口令：组标识号：组内用户列表

"组名"是用户组的名称，由字母或数字构成。与/etc/passwd 中的登录名一样，组名不应重复。

"口令"字段存放的是用户组加密后的口令字。一般 Linux 系统的用户组都没有口令，即这个字段一般为空，或者是 * 。

"组标识号"与用户标识号类似，也是一个整数，被系统内部用来标识组。

"组内用户列表"是属于这个组的所有用户的列表，不同用户之间用逗号（,）分隔。这个用户组可能是用户的主组，也可能是附加组。

3.6.5 文件权限管理

Linux 系统是一种典型的多用户系统，不同的用户处于不同的地位，拥有不同的权限。为了保护系统的安全性，Linux 系统对不同的用户访问同一文件（包括目录文件）的权限做了不同的规定。

在命令行使用命令 "ll" 或者 "ls -a"，可以查看文件或者文件的权限，如在用户家目录使用 touch 命令建立一个名为 test. text 的文件，使用 ll 命令查看如下显示：

```
-rw-r--r--. 1 root root      03 月    15 09:51 test. text
```

其中 "-rw-r--r--" 表示权限，一共有十个字符。

第一个字符，"-" 表示是文件，若是 "d" 则表示是目录（directory），若是 l 则表示为链接文档（link file），若是 b 则表示为装置文件里面的可供储存的接口设备（可随机存取装置），若是 c 则表示为装置文件里面的串行端口设备，例如键盘、鼠标（一次性读取装置）。

后面 9 个字符每 3 个字符又作为一个组，则有 3 组信息（"rw-"、"r--"、"r--"），分别表示所属用户本身具有的权限、所属用户的用户组其他成员的权限、其他用户的权限。

每一组信息如 "rw-"，每一个字符都有它自己的特定含义且先后位置是固定的，其中 r 是读权限、w 是写权限、x 是可执行权限、-是没有对应字符的权限。Linux 里面对这些字符设置对应的数值，r 是 4，w 是 2，x 是 1，-是 0。上面的 "rw-" 则是 6（=4+2+0），所以最开始 test. text 的权限是 644，属于 root 用户组的 root 用户。

文件和目录的属性是可以通过命令来修改的，见表 3-3。

表 3-3 组命令

功能	命令	语法格式	参数选项
更改文件属组	chgrp	chgrp[-R]属组名文件名	-R：递归更改文件属组，就是在更改某个目录文件的属组时，如果加上-R 的参数，那么该目录下的所有文件的属组都会更改

功能	命令	语法格式	参数选项
更改文件属主,也可同时更改文件属组	chown	chown［-R］属主名文件名 chown［-R］属主名:属组名文件名	-R:递归更改
更改文件属性	chmod	chmod［-R］xyz文件或目录 chmod［ugoa］［+ － =］［rwx］文件或目录	xyz:是数字类型的权限属性,为 rwx 属性数值的相加 -R:进行递归(recursive)的持续变更,亦即连同次目录下的所有文件都会变更 ［ugoa]代表用户 u,属组 g,其他用户 o,全部 a

3.6.6　su 和 sudo

在 Linux 系统中,由于 root 的权限过大,一般情况都不使用它。只有在一些特殊情况下才采用登录 root 执行管理任务,一般情况下临时使用 root 权限多采用 su 和 sudo 命令。

su 命令就是切换用户的工具。比如系统以普通用户 test001 登录,但要添加用户任务,需要执行 useradd 命令,但是 test001 用户没有这个权限,而这个权限恰恰由 root 所拥有。解决办法有两个,一是退出 test001 用户,重新以 root 用户登录,但这种办法并不是最好的;二是没有必要退出 test001 用户,可以用 su 来切换到 root 下进行添加用户的工作,等任务完成后再退出 root。

通过 su 切换是一种比较好的办法;通过 su 可以在用户之间切换,而超级权限用户 root 向普通或虚拟用户切换不需要密码,而普通用户切换到其他任何用户都需要密码验证。

sudo 是一种权限管理机制,依赖于/etc/sudoers,其定义了授权给哪个用户可以以管理员的身份能够执行什么样的管理命令。

格式:sudo -u USERNAME COMMAND

默认情况下,系统只有 root 用户可以执行 sudo 命令。需要 root 用户通过使用 visudo 命令编辑 sudo 的配置文件/etc/sudoers,才可以授权其他普通用户执行 sudo 命令。

sudo 的运行有这样一个流程:

① 当用户运行 sudo 时,系统于/etc/sudoers 文件里查找该用户是否有运行 sudo 的权限;

② 若用户具有可运行 sudo 的权限,则让用户输入用户自己的 password,注意这里输入的是用户自己的 password;

③ 假设 password 正确,便开始进行 sudo 后面的命令,root 运行 sudo 是不需要输入 password 的,切换到的身份与运行者身份同样的时候,也不需要输入 password。

su 为 switch user,即切换用户的简写。

su 是最简单的身份切换名,用 su 能够进行不论什么用户的切换,一般都是 su-username，然后输入 password 就可以了，可是 root 用 su 切换到其他身份的时候是不需要输入 password 的。

格式为两种：

> su -l USERNAME（-l 为 login，即登录的简写）
> su USERNAME

如果不指定 USERNAME（用户名），默认即为 root，所以切换到 root 的身份的命令即为：su -root 或 su-，su root 或 su。

su USERNAME，与 su-USERNAME 的不同之处如下：

su-USERNAME 切换用户后，同时切换到新用户的工作环境中。

su USERNAME 切换用户后，不改变原用户的工作目录及其他环境变量目录。

可以根据上面的描述试一试进行 su 的切换。

3.7　用户和文件管理实训实例

使用 root 用户登录 Linux 系统，创建用户和用户组。

① 使用 useradd 创建 test001、test002、test003，创建后使用命令：

> # cat/etc/passwd

查看账户信息，如图 3-25 所示。

```
test001:x:1000:1000::/home/test001:/bin/bash
test002:x:1001:1001::/home/test002:/bin/bash
test003:x:1002:1002::/home/test003:/bin/bash
```

图 3-25　创建用户后的 passwd

可以看到 test001～test003 的 UID 和 GID，而且都创建了各自的家目录。

② 使用 groupadd 创建 ts1、ts2 用户组，创建后使用命令：

> # cat/etc/group

查看组账户信息，如图 3-26 所示。

```
test001:x:1000:
test002:x:1001:
test003:x:1002:
ts1:x:1003:
ts2:x:1004:
```

图 3-26　组文件 group 信息

从组文件信息可以看到 test001～test003 在创建过程中建立了独立的组用户 ID，并且与用户 ID 相同，ts1 和 ts2 两个组账户为信息创建的。

③ 创建 test004 和 test005，并加入到属组 ts1 中，使用命令：

```
# useradd test004 -g ts1
# useradd test005 -g ts1
```

这时查看/etc/passwd 和/etc/group 文件，如图 3-27 和图 3-28 所示。

```
test001:x:1000:1000::/home/test001:/bin/bash
test002:x:1001:1001::/home/test002:/bin/bash
test003:x:1002:1002::/home/test003:/bin/bash
test004:x:1003:1003::/home/test004:/bin/bash
test005:x:1004:1003::/home/test005:/bin/bash
```

图 3-27　创建 test004 后的 passwd 文件

```
test001:x:1000:
test002:x:1001:
test003:x:1002:
ts1:x:1003:
ts2:x:1004:
```

图 3-28　创建 test004 后的 group 文件

④ 把已有用户 test001 和 test002 加入已有组 ts1 中，test003 加入已有组 ts2 中。此时不能使用命令：

```
# useradd test001 -g ts1
```

Linux 会报出 useradd：用户"test001"已存在的错误。这时使用命令：

```
# gpasswd -a test001 ts1
# gpasswd -a test002 ts1
# gpasswd -a test003 ts2
```

加入完成后还是查看用户文件和组用户文件，如图 3-29、图 3-30 所示。

```
test001:x:1000:1000::/home/test001:/bin/bash
test002:x:1001:1001::/home/test002:/bin/bash
test003:x:1002:1002::/home/test003:/bin/bash
test004:x:1003:1003::/home/test004:/bin/bash
test005:x:1004:1003::/home/test005:/bin/bash
```

图 3-29　使用 gpasswd 添加用户到组后的 passwd

```
test001:x:1000:
test002:x:1001:
test003:x:1002:
ts1:x:1003:test001,test002
ts2:x:1004:test003
```

图 3-30　使用 gpasswd 添加用户到组后的 group

可以看到在 group 文件中数组信息关联了新加入用户名。另外在 passwd 文件中还是可以看到 test001～test003 用户还是有自己的属组 ID，说明用户可以在多个属组内有相应的权限。

⑤ 在完成了用户添加和属组管理后，可以使用终端软件进行用户的文件权限管理查看了。使用前面 3.5.3 节远程连接管理的知识，在 Xshell 中打开多个不同用户登录的界面，在使用终端之前可以在 root 用户登录的系统中给每个用户使用 passwd 命令设置用户密码。为了测试方便，可以设置 8 个 0 为用户密码。

⑥ 通过在 Xshell 中新建会话的方式建立如图 3-31 所示会话连接。

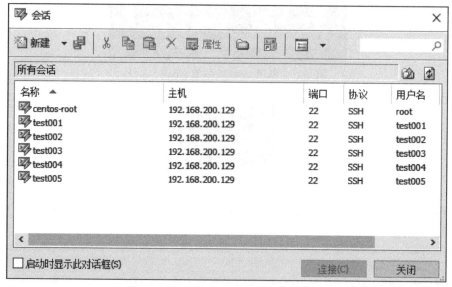

图 3-31　Xshell 建立多个用户连接会话

分别连接 test001、test002、test003、test004、test005 的远程终端，加上原来的 root 用户可以看到在 6 个终端连接中都分别使用相应的用户名进行了登录，而且都是在各自用户名定义的家目录里。这个就是 Linux 多用户多任务管理系统的重要特征。

⑦ 登录到 root 和 test001 用户的终端，使用 cd 命令进入/home 目录，使用 ll 命令就可以看到所有用户的所属目录，如图 3-32 所示。

```
drwx------. 2 test001 test001 106 3月  15 11:27 test001
drwx------. 2 test002 test002  84 3月  15 11:28 test002
drwx------. 2 test003 test003  84 3月  15 11:30 test003
drwx------. 2 test004 ts1      84 3月  15 11:31 test004
drwx------. 2 test005 ts1      62 3月  15 10:54 test005
```

图 3-32　Home 目录下的目录文件信息

从文件属性信息可以看到，所有文件都是目录以 d 开头，都只有属主的全部属性，用户组和其他用户都没有任何权限。

在各自终端的家目录中建立测试文件，见表 3-4。

表 3-4　在各自终端的家目录中建立测试文件

用户	建立的文件名
test001	test001-1. text
test002	test002-1. text
test003	test003-1. text

用户	建立的文件名
test004	test004-1. text
test005	test005-1. text

在 root 终端使用 mkdir 命令在根目录下建立一个临时目录 temp，然后使用命令

```
#chmod 777 /temp
```

然后使用 cp 命令在各个用户终端，把新建的文件拷贝到/temp 中。完成以后如图 3-33 所示。

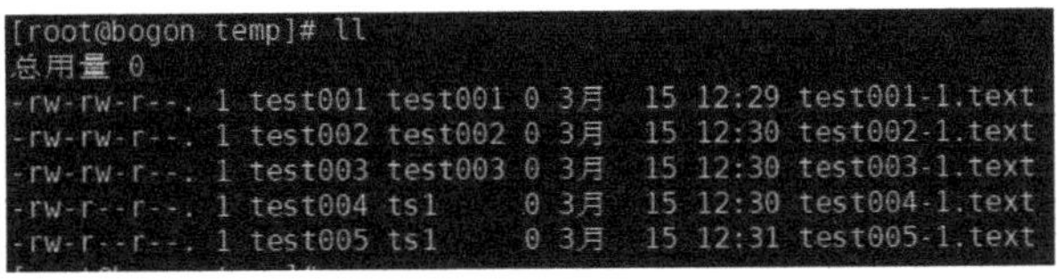

图 3-33　赋予全部权限的 temp 目录的文件信息

登录 test005 终端，把 test005-1. text 文件赋予组用户写权限，使用命令：

```
#chmod g+w test005-1. text
```

修改权限完成后，如图 3-34 所示。

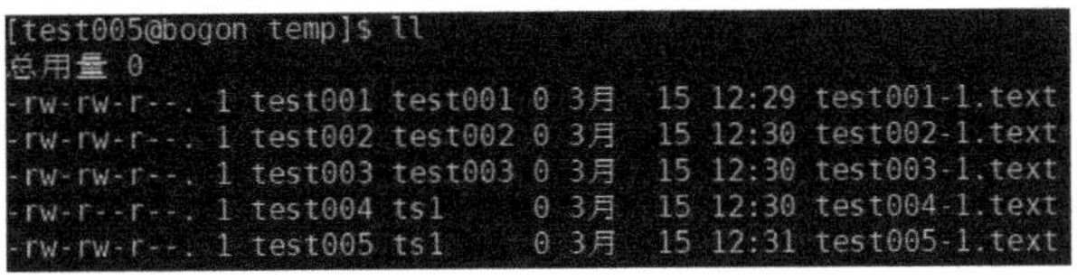

图 3-34　test005 终端赋予 test005-1. text 文件组用户写权限

这时可以登录进入 test004 终端，使用 vi test005-1. text 命令来改写文件内容，这时就完成组用户的写权限任务，同样道理，登录 test001 和 test002，也对 test005-1. text 文件进行改写，可以看到整个操作非常容易。

另外使用 test003 用户终端改写 test005-1. text 文件，当进入插入模式时会提示：

```
-- INSERT -- W10:Warning:Changing a readonly file
```

并且在使用 wq 保存时也会出现提示信息

```
E45:'readonly' option is set(add ! to override)
```

可见不属于同一个用户组 ts1 的用户无法对 test005-1. text 文件进行修改。

另外，虽然 test001、test002、test004、test005 都有组 ts1 的权限，但是 test001 和 test002 又各自有自己所属的组 test001 和 test002，这就是一个用户属于多个组的情况，这时由于当前应用组的应用导致即使 test001、test002、test004、test005 都属于组

ts1，但是当前所属组不同，就会导致各个用户无法访问组权限应用。

可以在登录用户的方式下，使用 newgrp-相同组名的方式进行当前应用组的变换，使得用户获得与其他用户相同组的权限。一定不要忘记加入附带应用环境变量应用的"-"。例如：

```
test001@bogon~#newgrp-ts1
```

尽管创建的文件都有组的写权限，但是 test004 和 test005 都没有权限去改写未修改组应用的 test001 和 test002 创建的文件，test001 与 test002 之间也无法进行修改。可见文件的用户、用户组权限很关键，当前组应用需要使用 id 命令去查看，以确认都在同一个组下获得组权限。

第4章

主机文件资源共享

文件共享一直都是计算机网络想要完成的基本任务。现实生活中，Windows 桌面系统比较常见，而且两台主机间只需要很简单的设置就能够通过网络共享资源，而在工作中，不可避免遇到 Linux 环境，那如何实现 Linux 系统与 Windows 系统的文件资源共享的问题就现实摆在用户的面前。这就需要使用 SMB 协议。

4.1　SMB 协议

SMB（Server Messages Block，信息服务块）是一种在局域网上共享文件和打印机的一种通信协议，它为局域网内的不同计算机之间提供文件及打印机等资源的共享服务。SMB 协议是客户机/服务器型协议，客户机通过该协议可以访问服务器上的共享文件系统、打印机及其他资源。通过设置"NetBIOS over TCP/IP"使得 Samba 不但能与局域网络主机分享资源，还能与全世界的电脑分享资源。

4.1.1　SMB 协议的发展

SMB 最初是 IBM 的贝瑞·费根鲍姆（Barry Feigenbaum）研制的，其目的是将 DOS 操作系统中的本地文件接口"中断 13"改造为网络文件系统。后来微软对这个发展进行了重大更改，这个更改后的版本也是最常见的版本。微软将 SMB 协议与它和 3COM 一起发展的网络管理程序结合在一起，并在 Windows for Workgroups 和后来的

Windows 版本中不断加入新的功能。SMB 一开始的设计是在 NetBIOS 协议上运行的（而 NetBIOS 本身则运行在 NetBEUI、IPX/SPX 或 TCP/IP 协议上），Windows 2000 引入了 SMB 直接在 TCP/IP 上运行的功能。1996 年，Sun 推出 WebNFS 的同时，微软提出将 SMB 改称为 Common Internet File System（CIFS）。此外微软还加入了许多新的功能，比如符号链接、硬链接、提高文件的大小。由于 SMB 协议对于与占主要地位的 Microsoft Windows 平台通信时的重要性，而该平台使用的 SMB 协议与初始的版本相比有巨大的改变，因此 Samba 项目就是一个通过逆向工程创建的与 SMB 软件兼容的自由软件，使得非微软操作系统也能够使用它。

4.1.2　Samba

Samba 是在 Linux 和 Unix 系统上实现 SMB 协议的一个免费软件，由服务器及客户端程序构成。Samba 在市场上并不是一个新面孔。它最初出现在大家面前的时间是 1992 年。Samba 系统通过利用越来越多的开放源代码软件，获得了丰富多彩的性能，并且变得越来越稳定。

Samba 用来让 Unix 系列的操作系统与微软 Windows 操作系统的 SMB/CIFS（Server Message Block/Common Internet File System）网络协定做连结。在目前的版本（v3），不仅可存取及分享 SMB 的资料夹及打印机，本身还可以整合入 Windows Server 的网域、扮演为网域控制站（Domain Controller）以及加入 Active Directory 成员。简而言之，此软件在 Windows 与 Unix 系列 OS 之间搭起一座桥梁，让两者的资源可互通有无。

Samba 是许多服务以及协议的实现，其包括 TCP/IP 上的 NetBIOS（NBT）、SMB、CIFS（SMB 的增强版本）、DCE/RPC，或者更具体来说包括 MSRPC（网络邻居协议套件）、一种 WINS 服务器［也被称为 NetBIOS Name Server（NBNS）］、NT 域协议套件［包括 NT Domain Logons、Secure Accounts Manager（SAM）数据库、Local Security Authority（LSA）服务、NT-style 打印服务（SPOOLSS）、NTLM 以及近来出现的包括一种改进的 Kerberos 协议与改进的轻型目录访问协议（LDAP）在内的 Active Directory Logon 服务］。以上这些服务以及协议经常被错误地归类为 NetBIOS 或者 SMB。Samba 能够为选定的 Unix 目录（包括所有子目录）建立网络共享。该功能使得 Windows 用户可以像访问普通 Windows 下的文件夹那样来通过网络访问这些 Unix 目录。

随着 Samba 系统的不断进化，对于那些正在考虑将其文件和打印解决方案迁移到 Linux 的系统管理员来说，如今它已经成为这些管理员的一个真正的可选项。

4.1.3　Samba 服务工作原理

Samba 服务功能强大，这与通信是基于 SMB 协议有大的关系。SMB 协议不仅能够提供目录和打印机共享，还支持认证和权限设置等功能。在早期，SMB 运行于 NBT 协议（NetBIOS over TCP/IP）上，使用 UDP 协议的 137、138 及 TCP 协议的 139 端口，但随着后期开发，它可以直接运行于 TCP/IP 协议上，没有额外的 NBT 层，使用 TCP 协议的 445 端口。通过 Samba 服务，Windows 用户可以通过远程共享查看到 Linux 服务器中共享的资源，同时 Linux 用户也能够查看到服务器上的共享资源。

Samba 服务的具体工作过程如图 4-1 所示。

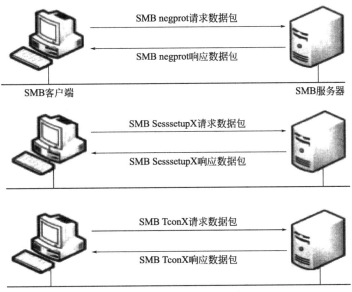

图 4-1　Samba 服务的具体工作过程

（1）协议协商

客户端在访问 Samba 服务器时，首先由客户端发送一个 SMB negprot 请求数据报，并列出它所支持的所有 SMB 协议版本。服务器在接收到请求信息后开始响应请求，并列出希望使用的协议版本。如果没有可使用的协议版本则返回 0XFFFFH 信息，结束通信。

（2）建立连接

当 SMB 协议版本确定后，客户端进程向服务器发起一个用户或共享的认证，这个过程是通过发送 SesssetupX 请求数据报实现的。客户端发送一对用户名和密码或一个简单密码到服务器，然后服务器通过发送一个 SesssetupX 请应答数据报来允许或拒绝本次连接。

（3）访问共享资源

当客户端和服务器完成了协商和认证之后，它会发送一个 Tcon 或 SMB TconX 数据报并列出它想访问网络资源的名称，之后服务器会发送一个 SMB TconX 应答数据报以表示此次连接是否被接受或拒绝。

（4）断开连接

连接到相应资源，SMB 客户端能够通过 open SMB 打开一个文件，通过 read SMB 读取文件，通过 write SMB 写入文件，通过 close SMB 关闭文件。

4.2　文件资源共享

Windows 平台的双机互联实现文件资源的共享相对来说比较容易，现在需要把 Linux 系统上的文件资源共享出来供客户端管理和维护，这就要在 Linux 系统上使用 Samba 软件来实现。

4.2.1　准备工作

在一个互联的网络里，准备一台安装了 Linux 系统的计算机，现在使用前面安装好的 CentOS 系统。在进行 Samba 软件的安装前，需要对 Linux 系统进行一些设置工作。

首先，需要对系统的 SeLinux 进行设置。SeLinux 主要作用就是最大限度地减小系统中服务进程可访问的资源，一般 Linux 系统的 SeLinux 都工作在强制模式 enforcing 模式，任何违反 SeLinux 规则的行为都将被阻止并记录到日志中。这样我们需要关闭强制模式，设置成宽容模式 permission 或者关闭模式 diabled。

一般通过命令

```
# getenforce
```

就可以查看到 SeLinux 的状态。根据获得的状态信息进行 SeLinux 的设置。

如果是 enforcing 模式，就需要通过编辑/etc/selinux/config 文件进行设置，如图 4-2，可以通过#注释掉原来的设置，重新设置成 disabled 状态。

```
[root@bogon ~]# vi /etc/selinux/config

# This file controls the state of SELinux on the system.
# SELINUX= can take one of these three values:
#     enforcing - SELinux security policy is enforced.
#     permissive - SELinux prints warnings instead of enforcing.
#     disabled - No SELinux policy is loaded.
#SELINUX=enforcing
SELINUX=disabled
# SELINUXTYPE= can take one of three values:
#     targeted - Targeted processes are protected,
#     minimum - Modification of targeted policy. Only selected processes are protected.
#     mls - Multi Level Security protection.
SELINUXTYPE=targeted
```

图 4-2　SeLinux 的设置

设置完 SeLinux 后，必须重启 Linux 系统才能让设置生效。重启系统后，可以使用 getenforce 命令查看设置完成后的状态。

其次，在完成 SeLinux 的设置后，还需要对系统的防火墙进行设置。可以使用命令

```
# firewall-cmd-state
```

查看防火墙状态，为了后续调试 SMB 协议，可以把防火墙关闭，或者在防火墙中加入开放 SMB 协议的端口的规则。通常情况，为了方便关闭防火墙，使用命令

```
# systemctl stop firewalld
```

4.2.2　安装 Samba

根据 Linux 系统的联网状态，使用 Yum 来安装 Samba。安装前，使用命令

```
# rpm -qa | grep samba
```

查看系统中是否安装了 Samba。如果系统没有安装，就需要在系统中安装。Samba 的服务端和客户端软件都需要安装，使用命令

```
# yum install -y samba *
```

安装完成后，可以使用命令

```
# systemctl start smb
```

启动 Smb 服务，然后使用命令

```
# systemctl status smb
```

查看 Smb 服务启动的状态信息，如图 4-3 所示。

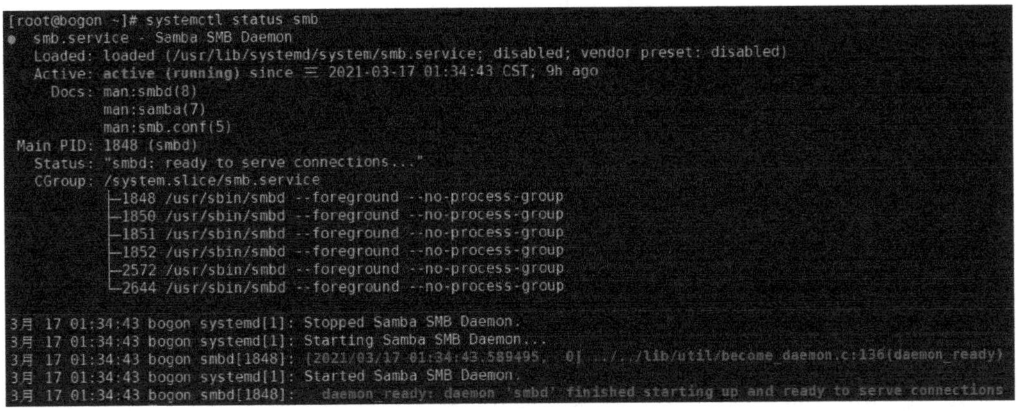

图 4-3　Smb 启动后

4.2.3　Samba 的服务组件

正常启动后，就需要知道 Samba 软件中包含的各种信息了。

Samba 服务器提供 smbd、nmbd 两个服务程序，分别完成不同的功能。其中，

smbd 负责为客户机提供服务器中共享资源（目录和文件等）的访问；nmbd 负责提供基于 NetBIOS 协议的主机名称解析，以便为 Windows 网络中的主机进行查询服务。使用命令

```
# systemctl start smb
# systemctl start nmb
```

启动这两个服务，然后使用命令

```
# netstat -anput|grep mbd
```

查看这两个服务，如图 4-4 所示。

```
[root@bogon ~]# netstat -anput | grep mbd
tcp       0      0 0.0.0.0:445            0.0.0.0:*              LISTEN      2848/smbd
tcp       0      0 0.0.0.0:139            0.0.0.0:*              LISTEN      2848/smbd
tcp6      0      0 :::445                 :::*                   LISTEN      2848/smbd
tcp6      0      0 :::139                 :::*                   LISTEN      2848/smbd
udp       0      0 192.168.124.255:137    0.0.0.0:*                          2860/nmbd
udp       0      0 192.168.124.5:137      0.0.0.0:*                          2860/nmbd
udp       0      0 0.0.0.0:137            0.0.0.0:*                          2860/nmbd
udp       0      0 192.168.124.255:138    0.0.0.0:*                          2860/nmbd
udp       0      0 192.168.124.5:138      0.0.0.0:*                          2860/nmbd
udp       0      0 0.0.0.0:138            0.0.0.0:*                          2860/nmbd
```

图 4-4 smbd 和 nmbd 服务启动后

其中 smbd 程序负责监听 TCP 协议的 139 端口（SMB 协议）、445 端口（CIFS 协议），而 nmbd 服务程序负责监听 UDP 协议的 137、138 端口（NetBIOS 协议）。

4.2.4 Samba 的组成

Samba 服务的配置文件位于/etc/samba/目录，其中 smb.conf 是主配置文件，smb.conf.example 是配置示例文件，详细地介绍了 smb 应用配置，这也是官方提供的文档，对于 Samba 的应用如果有耐心的话可以直接使用 Samba 官网进行学习。

在未做任何 Samba 配置的情况下，使用 cat/etc/samba/smb.conf 查看配置文件信息：

```
# See smb.conf.example for a more detailed config file or
# read the smb.conf manpage.
# Run 'testparm' to verify the config is correct after
# you modified it.
```

```
        [global]
                workgroup＝SAMBA
                security＝user

                passdb backend＝tdbsam

                printing＝cups
                printcap name＝cups
                load printers＝yes
                cups options＝raw
        [homes]
                comment＝Home Directories
                valid users＝%S,%D%w%S
                browseable＝No
                read only＝No
                inherit acls＝Yes
        [printers]
                comment＝All Printers
                path＝/var/tmp
                printable＝Yes
                create mask＝0600
                browseable＝No
        [print＄]
                comment＝Printer Drivers
                path＝/var/lib/samba/drivers
                write list＝@printadmin root
                force group＝@printadmin
                create mask＝0664
                directory mask＝0775
```

可以看到文件信息包含描述和基本的配置范例信息。

从描述信息可以看到使用 testparm 命令，就可以直观地检测运行的 Samba 服务器的运行配置信息，实际就是 smb.conf 的文件信息，如果发现错误将会进行提醒。

在后面的 [globe]、[homes]、[printers]、[print＄] 等配置信息里都有关于 Samba 的全局信息、登录用户的家目录信息、共享打印机和打印驱动应用的信息。

[global] 全局设置：这部分配置项的内容对整个 Samba 服务器都有效。

[homes] 宿主目录共享设置：设置 Linux 用户的默认共享，对应用户的宿主目录。当用户访问服务器中与自己用户名同名的共享目录时，通过验证后将会自动映射到该用户的宿主文件夹中。

[printers] 打印机共享设置：若需要共享打印机设备，可以在这部分进行配置。

从这几个配置信息就可以模仿建立自己的共享资源信息。建立共享资源前需要掌握 smb. conf 文件中常见的一些配置项及其含义说明。

workgroup：所在工作组名称，这个工作组名称为了方便，与实际工作中的项目或者说明命名一致比较好。

security：安全级别，CentOS6 之前可用值有 share、user、server、domain，CentOS7 之后不再支持 share，如果配置匿名共享时，需要在全局参数中添加 map to guest＝bad user 这一行内容。

passwd backend：设置共享账户文件的类型，默认使用 tdbsam（TDB 数据库文件）。

comment：对共享目录的注释、说明信息。

valid users：有效用户。

path：共享目录在服务器中对应的实际路径。

browseable：该共享目录在“网上邻居”中是否可见。

guest ok：是否允许所有人访问，等效于“public”。

writable：是否可写，与 read only 的作用相反。

inheritacls：是否继承 acl（访问控制列表）。

4.3 Samba 共享资源的应用

在 Samba 的应用中，需要考虑谁去进行 Windows 系统和 Linux 系统互访的问题，这就需要给系统添加访问用户。应用中在两种不同的系统中都要添加可以使用本地资源的用户，然后通过远程登录的方式，访问系统中共享出来的资源。

另外，Samba 服务器本身也需要用户访问的权限，这就需要在 Samba 的用户数据库中建立可以访问的用户资源。特殊情况下，为了应用方便可以使用匿名用户访问共享文件资源。

4.3.1 匿名用户访问共享资源应用

在不安全的应用前提下，为了让客户端能够很轻松地访问 Linux 的共享文件，可以使用匿名的方式访问。

```
[global]
        workgroup = SAMBA
        security = user
        map to guest = Bad user
[share]
        comment = this is my-annoymous-share
        path = /share
        writable = yes
        browseable = yes
        guest ok = yes
```

图 4-5 Samba 匿名共享设置

在 smb. conf 文件中可以做匿名的共享，文件描述可以自行定义，如图 4-5 所示。

在 CentOS7 版本的 Samba 对于匿名共享的应用需要把 security 设置为 user，不能再用以前版本的 share，这在 smb. conf. example 中已经进行了说明。为了在新版本下使用，需要在

global 中设置 map to guest＝Bad user，使得能够进行任意来宾用户的访问。其他在为匿名用户设置的［share］信息中，需要设置可见性和 guest ok＝yes 状态。Path 指定匿名共享的目录。

使用 root 账户在根目录/下新建 share 目录，使用命令 mkdir share；新建完成后可以使用 ll 命令查看 share 目录的属主属性。要是文件夹能够进行匿名访问，需要设置 share 文件夹的属主属性。在 Linux 系统中可以使用 nobody 用户来管理 share 文件夹，nobody 首先是一个不能登录的账号，一些服务进程如 apache、aquid 等都采用一些特殊的账号来运行，比如 nobody、news、games 等，这就可以防止程序本身有安全问题的时候，不会被黑客获得 root 权限；其次，nobody 是一个普通用户，非特权用户。使用 nobody 用户名的目的是，使任何人都可以登录系统，但是其 UID 和 GID 不提供任何特权，即该 uid 和 gid 只能访问人人皆可读写的文件。使用命令

```
＃chown   nobody:nobody   /share
```

更改，更改后的 share 属性为

```
drwxr-xr-x    3 nobody nobody  171 3月  19 10:35 share
```

这样就完成了匿名共享资源的设置。重启 Samba 服务，可以使用与 Linux 在同一个网络的 Windows 系统进行访问。

打开 Windows 的资源管理器窗口，如图 4-6 所示。在地址栏内输入访问远程共享应用的命令 \\ IP 或者 \\ 主机名的方式，注意这个 IP 地址一定是安装了 Samba 的 Linux 服务器的地址。

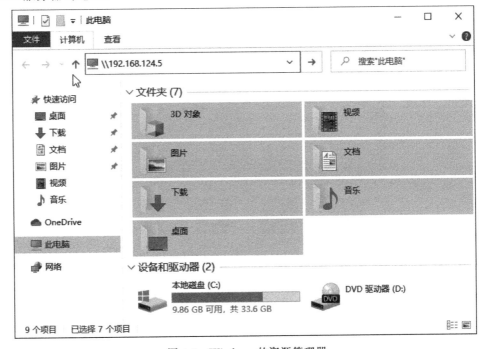

图 4-6　Windows 的资源管理器

输入回车应用后，打开图 4-7 所示界面。

图 4-7　Windows 匿名访问 Samba 资源

进入共享资源的应用，不需要输入任何用户名和密码，就可以进入并且可以对 share 文件夹进行管理操作，比如创建文件 myshare.txt，进入到 Linux 服务器可以查看到新建的文件的属主属性

```
-rwxr--r-- 1 nobody nobody 0 3 月  19 11:26 myshare.txt
```

这样就完成了匿名用户共享资源的应用。

在家庭或者办公应用中需要学习和放松，可以在这个文件中拷贝一些音乐和视频，利用手机移动端的文件管理软件来播放这些音频和视频文件。这里特别要注意一定要把移动端和 Samba 服务器放置同一个的 WLAN 中。

在移动端下载安装使用率比较高的 ES 文件管理器，可以在各大 App 应用商店中下载并安装。

安装完成后，打开 ES 文件浏览器 App，如图 4-8 所示。

图 4-8　ES 文件浏览器界面

在左上角点击 ▤ 按钮打开图 4-9 所示的网络设置。

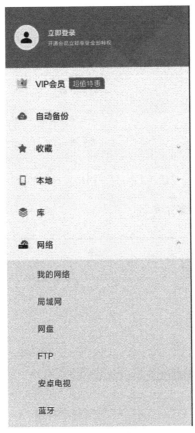

图 4-9　打开网络设置

点击"我的网络"，打开图 4-10 所示界面。

图 4-10　进入我的网络设置

在右上角点击 ⋮，打开图 4-11 所示管理菜单。

图 4-11　打开网络管理菜单

点击新建，打开图 4-12 所示界面。

图 4-12　新建网络设置

点击"局域网"，打开图 4-13 所示界面。在服务器处输入 Samba 服务器的 IP 地址，并且选择"匿名"选项。

图 4-13　新建局域网设置

点击确定后，打开图 4-14 所示界面，显示服务器的图标和 IP 地址。

图 4-14　局域网的 Samba 服务器

点击服务器的图标就能进入图 4-15 所示界面。

图 4-15　访问 Samba 服务器

进入服务器后，就可以使用手机端的多媒体播放设备去播放其中的文件了。

4.3.2　安全账户访问共享资源

匿名用户访问还是有很多不确定性，对于账户的安全管理是资源共享中必须考虑的，因此需要在系统中进行安全账户的应用。

基于匿名用户的资源访问的设置。现在通过创建账户的方式去访问指定共享资源。[home] 设置是一个很典型的访问用户家目录的设置信息。这个设置只要应用就能够默认共享用户的家目录。

在前面的 smb.conf 文件设置的基础上创建一个新的共享资源信息

```
[sambaroot]
        comment=SambaRoot
        path=/home/samba/
        read only=No
```

其中 path 设置共享的目录，read only 设置是否只读，No 表示具有写权限。
在 [global] 中还需要看到

```
[goloabl]
        passdb backend=tdbsam
```

使用 root 用户创建用户 samba

```
# useradd samba
```

自动生成家目录/home/samba，并且这个文件夹的属主权限为用户 samba。这就需
要在 samba 的用户数据库中添加 samba 用户为 samba 服务的使用者。使用命令

```
# smbpasswd -a samba
```

创建 sambar 服务使用用户后需要设置密码。

在前面的 Windows 系统访问 Samba 服务器共享资源的管理器中刷新一下，就会出
现如图 4-16 所示界面。

图 4-16　sambaroot 文件夹显示

双击 share 文件还能正常访问，双击 sambaroot 文件夹就需要输入 Samba 服务中记
录的登录用户名和密码，认证正确后就进入到 sambaroot 目录，如图 4-17 所示。

为了清晰地了解访问 Samba 共享资源的权限问题，新建一个系统用户 centos，在
root 用户登录系统的权限下创建用户，使用命令

```
# useradd centos
```

进入/home 目录，使用命令把/home/samba 的属主权限改了，使用命令

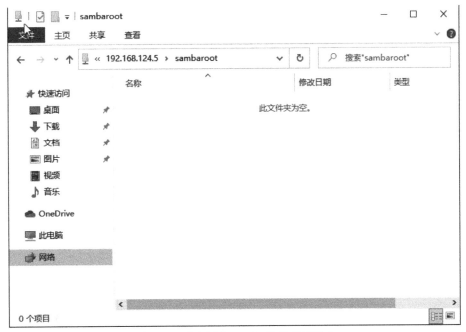

图 4-17　进入用户 samba 的共享目录中

```
#chown centos:centos/home/samba
```

然后添加 centos 用户到 Samba 服务的用户数据库中，使用命令

```
#smbpasswd -a centos
```

创建好以后，可以使用命令

```
#pdbedit -L
```

查看 samba 用户数据库内可用的用户。重启 Samba 服务。

在 Windows 系统中，使用 win+R（win 是键盘的微软图标键）打开运行，输入 cmd 打开 DOS 应用窗口，在其中输入命令

```
>net use  * /delete/y
```

清除 Windows 系统远程访问列表。这个命令可以多次使用，如图 4-18 所示，注意把远程访问 Samba 服务器的资源管理器窗口关闭掉，一定要最后看到远程访问列表是空的状态，否则在远程访问窗口中总会出现访问权限受限问题。

在新的资源管理器窗口使用远程访问 Samba 服务器命令，格式为 \\ IP 地址，打开图 4-16 所示界面，此时双击 sambaroot 文件夹就会弹出图 4-19 所示界面。

录入用户名 centos 和它的 Samba 设置服务的密码，就可以打开图 4-17 所示窗口，可以进行远程文件管理了。

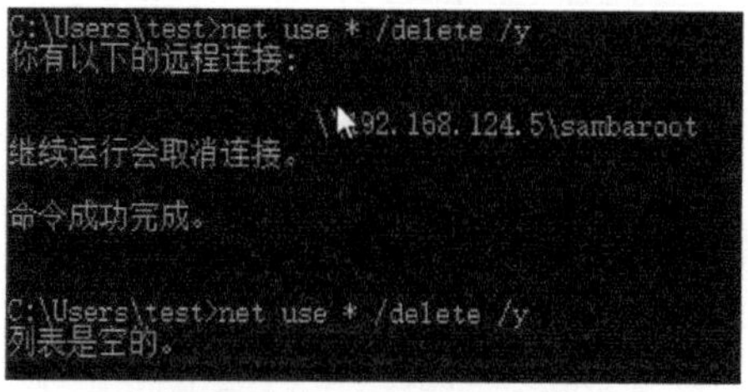

图 4-18　清空远程访问列表

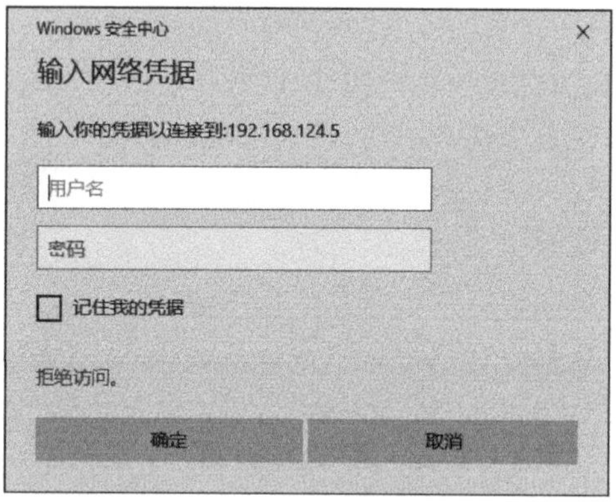

图 4-19　Samba 用户登录

针对这个共享还可以在配置文件中加入特定有效访问用户和访问组。

在 smb. conf 文件中新建［validusers］共享配置信息：

```
［validusers］
      comment＝this is validusers share
      path＝/validusers
      public＝no
      read only＝yes
      valid users＝tom,jerry,@testshare
      write list＝tom,@testshare
```

在其中 valid users 选项设置/validusers 目录可以被哪些用户访问，其中需要建立 tom、jerry 和 testshare 组，使用命令创建用户 tom、jerry 和组 testshare（其中包含 tom1 和 tom2 用户）：

```
# useradd tom
# useradd jerry
# groupadd testshare
# useradd tom1 -g   testshare
# useradd tom2 -g   testshare
```

建完这些用户和组以后，把用户信息加入 Samba 用户数据库中。

```
# smbpasswd -a tom
# smbpasswd -a jerry
# smbpasswd -a tom1
# smbpasswd -a tom2
```

做好用户设置后,还需要对 path 选项设置的共享目录做权限设置。使用命令

```
# chmod -R 777/validusers
```

设置完成后在 Windows 系统进行远程访问 Samba 服务器操作。刷新后,如图 4-20 所示。

图 4-20　设置指定用户访问共享

双击 validusers 文件夹,使用前面所学到的访问方式,分别使用 tom、jerry、tom1、tom2 用户访问共享文件夹,并创建一些文件或者目录。在使用过程中会在 windows 的 dos 命令窗口经常使用清空远程列表命令

```
> net use  * /delete/y
```

使用 tom、tom1、tom2 用户都能够登录,都能够使用选项 write list 赋予的改写权限,而使用 jerry 用户时,可以远程登录查看共享文件,但是在做改写操作时,就会弹出对话框,如图 4-21 所示。

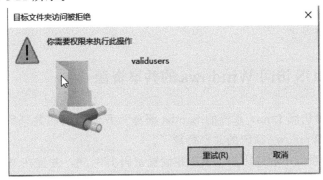

图 4-21　jerry 的权限不够提示

Windows 系统访问 Samba 服务器上的资源每次输入共享应用命令比较麻烦，可以设置映射硬盘来供 Windows 系统访问。

打开 Windows 资源管理器，在计算机的右键或者菜单栏内找到"映射驱动器"菜单，打开如图 4-22 所示界面。

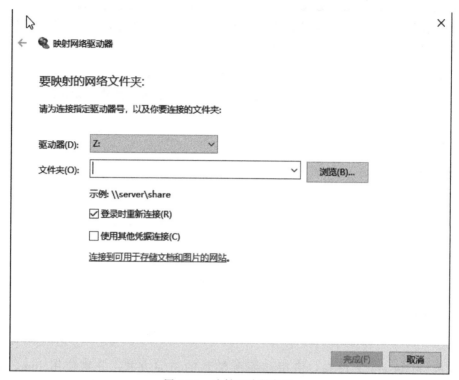

图 4-22　映射驱动器窗口

图 4-23　映射网络驱动器

在文件夹后输入访问远程服务器的命令，最后要跟上共享的文件夹，比如共享的 validusers，输入信息为：\\192.168.124.5\validusers，点击完成就能够打开共享目录，并且在 Windows 资源管理中建立了映射驱动器，如图 4-23 所示。

只要网络连接和服务器的 Samba 服务正常，就可以直接使用 Windows 系统的映射驱动器访问共享资源了。

4.3.3　CentOS 访问 Windows 的共享资源

前面已经能够访问 Linux 系统的 Samba 服务为我们提供的共享资源了，下面就需要用 Linux 访问 Windows 系统的共享资源了。

在 Windows 系统中创建用户 test，并设置密码 123456，并且在 Windows 系统中建立一个文件夹，命名为 linux，使用右键打开文件属性窗口，如图 4-24 所示。

图 4-24　Linux 文件属性

点击"高级共享"，打开图 4-25 所示界面。

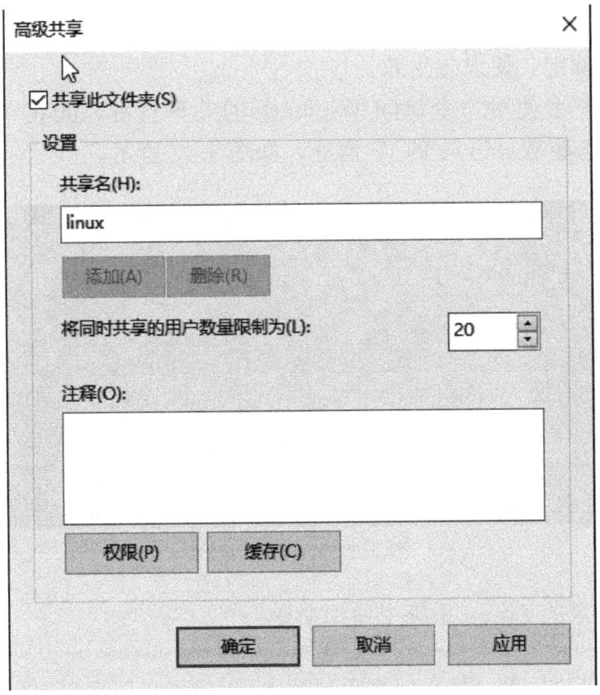

图 4-25　高级共享设置

点击"权限",打开图 4-26 所示权限设置,设置 Everyone 拥有完全权限。

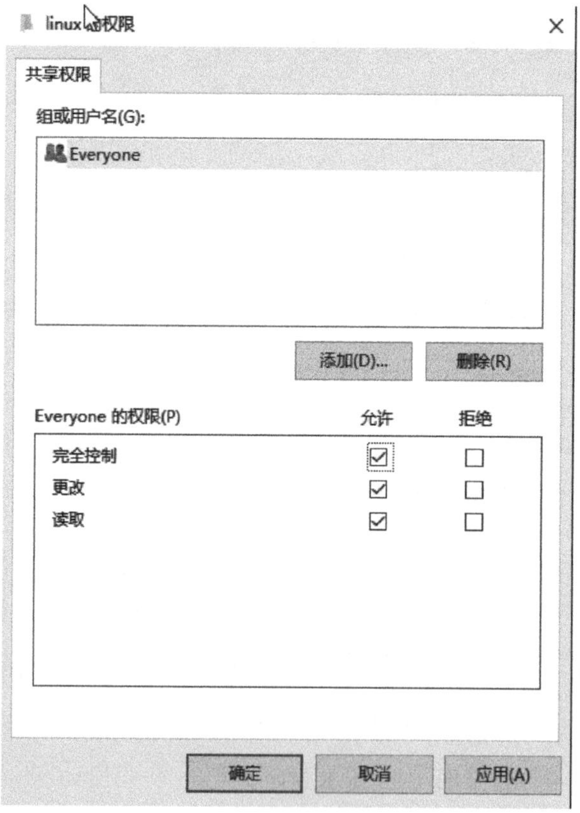

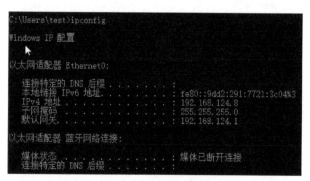

图 4-26　权限设置

在窗口上点击确定,使设置生效。

在 Linux 系统平台使用命令访问 Windows 的共享资源,先在 Windows 的 ms-dos 内使用 ipconfig,查看 Windows 的 IP 地址,如图 4-27 所示。

图 4-27　IP 地址查询

在 root 用户登录的 Linux 系统中使用命令

```
#smbclient -L\\192.168.124.8 -U test
```

按照提示输入 Windows 系统中 test 用户的密码后，显示 Windows 系统的共享资源，如图 4-28 所示。

```
[root@localhost /]# smbclient -L \\192.168.124.8 -U test
Enter SAMBA\test's password:

        Sharename       Type      Comment
        ---------       ----      -------
        ADMIN$          Disk      远程管理
        C$              Disk      默认共享
        IPC$            IPC       远程 IPC
        linux           Disk
        Users           Disk
Reconnecting with SMB1 for workgroup listing.
```

图 4-28　Windows 系统共享资源

根据前面的 Samba 原理知识，Windows 系统使用 CIFS 文件格式进行文件资源共享，要想 Linux 能够访问 Windows 的共享资源，需要在 Linux 系统上进行挂载操作。

首先使用命令

```
# yum install -y cifs-utils
```

安装 cifs 文件格式支持包。

其次，使用命令

```
# mkdir /mnt/myshare
# chmod g+w /mnt/myshare
```

创建挂载点并给文件一些组权限。

最后使用命令

```
# mount -t cifs -o username=test,password=123456    //192.168.124.8/linux /mnt/my-share/
```

把 Windows 共享文件夹挂载到 Linux 系统上，并把挂载信息配置到系统自动挂载文件/etc/fstab 中，使用 vi 编辑，如图 4-29 所示。

```
[root@localhost /]# vi /etc/fstab

#
# /etc/fstab
# Created by anaconda on Mon Mar 15 02:31:24 2021
#
# Accessible filesystems, by reference, are maintained under '/dev/disk'
# See man pages fstab(5), findfs(8), mount(8) and/or blkid(8) for more info
#
/dev/mapper/centos-root /                       xfs     defaults        0 0
UUID=33bd08c6-54a8-41cd-ba38-c644d2b9831f /boot            xfs     defaults        0 0
/dev/mapper/centos-swap swap                    swap    defaults        0 0
//192.168.124.12/linux /mnt/myshare cifs defaults,username=test,password=123456 0 0
```

图 4-29　fstab 中的自动挂载信息

使用 mount -a 命令进行更新挂载信息。挂载完成后，就可以进入/mnt/share 目录下管理文件了，新建文件 linux. txt，文件夹 linuxtxt。

```
# touch linux. txt
# mkdir linuxtxt
```

创建完以后，在 Windows 系统的共享文件夹 linux 中可以看到创建的文件，如图 4-30 所示。

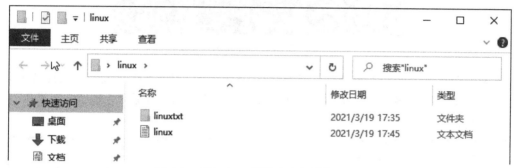

图 4-30　Windows 系统共享文件夹 linux

至此，可以看到 Linux 系统利用 Samba 客户端也可以管理 Windows 的共享资源了。

与此方法实行类似的操作，可以在同一个局域网的 Linux 系统客户机，通过安装 Samba 客户端实现 Linux 客户机访问 Samba 服务器的资源。

第 5 章

WWW 服务应用

计算机网络应用最普遍的形式就是进行网页浏览，最早由一位叫简·阿莫尔·泡利（Jean Armour Poly）的作家通过他的作品把这一网络应用称为"网上冲浪"，这一概念也被大家所接受。网上冲浪这一应用就是由著名的万维网 WWW（也称作 Web、3W）提供的。

5.1　WWW 应用中的术语

WWW 是基于客户机/服务器方式的信息发现技术和超文本技术的文档的集合。WWW 服务器通过超文本标记语言（HTML）把信息组织成为图文并茂的超文本（Hypertext），利用链接从一个站点跳到另一个站点。这样一来彻底摆脱了以前查询工具只能按特定路径一步步地查找信息的限制。存储在 Internet 计算机中的文档称为网页，它是一种超文本信息，可以用于描述超媒体。文本、图形、视频、音频等多媒体，称为超媒体（Hypermedia）。Web 上的信息是由彼此关联的文档组成的，而使其连接在一起的是超链接（Hyperlink）。

网页是网站的基本信息单位，是 WWW 的基本文档。它由文字、图片、动画、声音等多种媒体信息以及链接组成，是用 HTML 编写的，通过链接实现与其他网页或网站的关联和跳转。

网页文件是用 HTML（标准通用标记语言下的一个应用）编写的，可在 WWW 上传输，能被浏览器识别显示的文本文件。其扩展名是.htm 和.html。

网站由众多不同内容的网页构成，网页的内容可体现网站的全部功能。通常把进入网站首先看到的网页称为首页或主页（homepage），例如，新浪、网易、搜狐就是国内比较知名的大型门户网站。

5.2 HTTP 协议

网页浏览的行为本质上是一个客户端从服务器端获得网页文件的网络行为，其中提供文件支持的服务器，称之为网站系统，这是 WWW 服务的核心。

在 WWW 客户端和 WWW 服务器端进行数据通信的应用协议就是大名鼎鼎的 HTTP 协议。只要进行网页浏览，都需要在网页浏览器（WWW 客户端）的地址栏内输入以 "http" 开头的如 http://网站域名的形式，来访问 WWW 服务器的网页文件，例如 http://www.taobao.com。

5.2.1 HTTP 概念

HTTP 是 Hypertext Transfer Protocol 的缩写，即超文本传输协议。它的发展是万维网协会（World Wide Web Consortium）和 Internet 工作小组 IETF（Internet Engineering Task Force）合作的结果，（他们）最终发布了一系列的 RFC，RFC 1945 定义了 HTTP/1.0 版本。其中最著名的就是 RFC 2616。RFC 2616 定义了今天普遍使用的一个版本——HTTP 1.1。

HTTP 协议是用于从 WWW 服务器传输超文本到本地浏览器的传送协议。它可以使浏览器更加高效，使网络传输减少。它不仅保证计算机正确快速地传输超文本文档，还确定传输文档中的哪一部分，以及哪部分内容首先显示（如文本先于图形）等。

5.2.2 HTTP 工作过程

HTTP 协议通常承载于 TCP 协议之上，有时也承载于 TLS 或 SSL 协议层之上，这个时候，就成了常说的 HTTPS。默认 HTTP 的端口号为 80，HTTPS 的端口号为 443。

HTTP 协议永远都是客户端发起请求，服务器回送响应，如图 5-1 所示为 HTTP 工作原理。

图 5-1　HTTP 工作原理

一次 HTTP 操作称为一个事务，其工作过程可分为以下四步。

① 首先客户机与服务器需要建立连接。只要单击某个超级链接，HTTP 的工作开始。

② 建立连接后，客户机发送一个请求给服务器，请求方式的格式为：统一资源标识符（URL）、协议版本号，后边是 MIME 信息，包括请求修饰符、客户机信息和可能的内容。

③ 服务器接到请求后，给予相应的响应信息，其格式为一个状态行，包括信息的协议版本号、一个成功或错误的代码，后边是 MIME 信息，包括服务器信息、实体信息和可能的内容。

④ 客户端接收服务器所返回的信息，通过浏览器显示在用户的显示屏上，然后客户机与服务器断开连接。

如果在以上过程中的某一步出现错误，那么产生错误的信息将返回到客户端，由显示屏输出。对于用户来说，这些过程是由 HTTP 自己完成的，用户只要用鼠标点击，等待信息显示就可以了。

5.2.3　常用的请求方式——GET 和 POST

客户浏览器向 WWW 服务器发送 Reques 请求常用的有 GET 和 POST 两种方式。这在以后的网页开发应用中会经常碰到。

GET 方式是以实体的方式得到由请求 URL 所指定资源的信息，如果请求 URL 只是一个数据产生过程，那么最终在响应实体中返回的是处理过程的结果所指向的资源，而不是处理过程的描述。

POST 方式是用来向目的服务器发出请求，要求它接受被附在请求后的实体，并把它当作请求队列中请求 URL 所指定资源的附加新子项，POST 被设计成用统一的方法实现下列功能：对现有资源的解释；向电子公告栏、新闻组、邮件列表或类似讨论组发信息；提交数据块；通过附加操作来扩展数据库。

从上面描述可以看出，GET 是向服务器发索取数据的一种请求；而 POST 是向服务器提交数据的一种请求，要提交的数据位于信息头后面的实体中。

GET 与 POST 方法有以下区别：

① 在客户端，GET 方式通过 URL 提交数据，数据在 URL 中可以看到；POST 方式，数据放置在 HTML HEADER 内提交。

② GET 方式提交的数据最多只能有 1024 字节，而 POST 则没有此限制。

③ 安全性问题。正如在①中提到，使用 GET 的时候，参数会显示在地址栏上，而 POST 不会。所以，如果这些数据是中文数据而且是非敏感数据，那么使用 GET；如果用户输入的数据不是中文字符而且包含敏感数据，那么还是使用 POST 为好。

④ 安全的和幂等的。所谓安全的意味着该操作用于获取信息而非修改信息。幂等的意味着对同一 URL 的多个请求应该返回同样的结果。完整的定义并不像看起来那样严格。换句话说，GET 请求一般不应产生副作用。从根本上讲，其目标是当用户打开一个链接时，它可以确信从自身的角度来看没有改变资源。比

如，新闻站点的头版不断更新。虽然第二次请求会返回不同的一批新闻，该操作仍然被认为是安全的和幂等的，因为它总是返回当前的新闻。反之亦然。POST请求就不那么轻松了。POST 表示可能改变服务器上的资源的请求。仍然以新闻站点为例，读者对文章的注解应该通过 POST 请求实现，因为在注解提交之后站点已经不同了。

5.3 WWW 服务器组件

Web 站点是提供网页文件的集中点，要想把自己开发的网站内容发布出去，必须要把网页文件放置在 WWW 服务器中，并且由 WWW 服务器组件提供 HTTP 协议支持。现实生产环境中，使用的服务器组件有 Apache、Nginx、IIS、Node.js 等。

5.3.1 Apache

Apache HTTP Server（简称 Apache）是 Apache 软件基金会的一个开放源码的网页服务器，可以在大多数计算机操作系统中运行，由于其多平台和安全性被广泛使用，是最流行的 Web 服务器端软件之一。它快速、可靠并且可通过简单的 API 扩展，将 Perl/Python 等解释器编译到服务器中。Apache HTTP 服务器是一个模块化的服务器，源于 NCSAhttpd 服务器，经过多次修改，成为世界使用排名第一的 Web 服务器软件。它可以运行在几乎所有广泛使用的计算机平台上。

5.3.2 Nginx

Nginx 是一个高性能的 HTTP 和反向代理 Web 服务器，同时也提供了 IMAP/POP3/SMTP 服务。Nginx 是由伊戈尔·赛索耶夫为俄罗斯访问量第二的 Rambler.ru 站点（俄文：Рамблер）开发的，第一个公开版本 0.1.0 发布于 2004 年 10 月 4 日。

其将源代码以类 BSD 许可证的形式发布，因它的稳定性、丰富的功能集、示例配置文件和低系统资源的消耗而闻名。2011 年 6 月 1 日，Nginx1.0.4 发布。

Nginx 是一款轻量级的 Web 服务器/反向代理服务器及电子邮件（IMAP/POP3）代理服务器，在 BSD-like 协议下发行。其特点是占有内存少，并发能力强，事实上 Nginx 的并发能力在同类型的网页服务器中表现较好，中国大陆使用 Nginx 的网站用户有百度、京东、新浪、网易、腾讯、淘宝等。

5.3.3 IIS

Internet 信息服务（Internet Information Services，简写 IIS，互联网信息服务）可以在 Internet 或 Intranet 上非常容易地发布信息。IIS 包含许多管理网站和 Web 服务器的功能。IIS 是为开发 Web 服务的用户、家庭用户或办公用户而设计的。IIS 是微软系统内集成的服务器组件,提供 Windows 系列的 Web 服务器功能。

5.3.4 Node.js

Node.js 发布于 2009 年 5 月,由 Ryan Dahl 开发,是一个基于 Chrome V8 引擎的 JavaScript 运行环境,使用了一个事件驱动、非阻塞式 I/O 模型,让 JavaScript 运行在服务端的开发平台,它让 JavaScript 成为与 PHP、Python、Perl、Ruby 等服务端语言平起平坐的脚本语言。Node.js 是现在前端应用开发的重要工具。

Node.js 对一些特殊用例进行优化,提供替代的 API,使得 V8 在非浏览器环境下运行得更好,V8 引擎执行 JavaScript 的速度非常快,性能非常好,基于 Chrome JavaScript 运行时建立的平台,用于方便地搭建响应速度快、易于扩展的网络应用。

Node 作为一个新兴的前端框架、后台语言,有很多吸引人的地方:RESTful API 和单线程。Node.js 逐渐发展成一个成熟的开发平台,吸引了许多开发者。有许多大型高流量网站都采用 Node.js 进行开发,除了 Web 方面外,还涉及应用程序监控、媒体流、远程控制、桌面和移动应用等。

5.4 Apache 构建网站

构建基于 Apache 服务器的网站系统,最好进入官网进行资源的下载。作为开源的免费软件项目,官网提供了很多 Apache httpd 服务器的资料,很多是人们进行生产环境应用的参考标准。

5.4.1 Httpd 的安装

在 CentOS7 上安装 Apache 服务器需要像前面的 Samba 服务应用一样进行防火墙和 SeLinux 的设置准备,在这里为了调试方便,还是把两项功能都设置为关闭状态。

在安装前使用命令

```
# rpm -qa | grep httpd
```

查看 httpd 应用是否安装,如果没有就可以直接使用 yum 进行安装了,应用

```
# yum install -y httpd
```

在联网的情况下,很快就安装好了 httpd 服务。启动 httpd 服务

```
# systemctl start httpd
```

正常启动后，查看 Linux 系统的 IP 地址，如系统的 IP 地址为 192.168.174.129，则在宿主机的浏览器中输入 http://192.168.174.129，就会显示如图 5-2 所示页面。

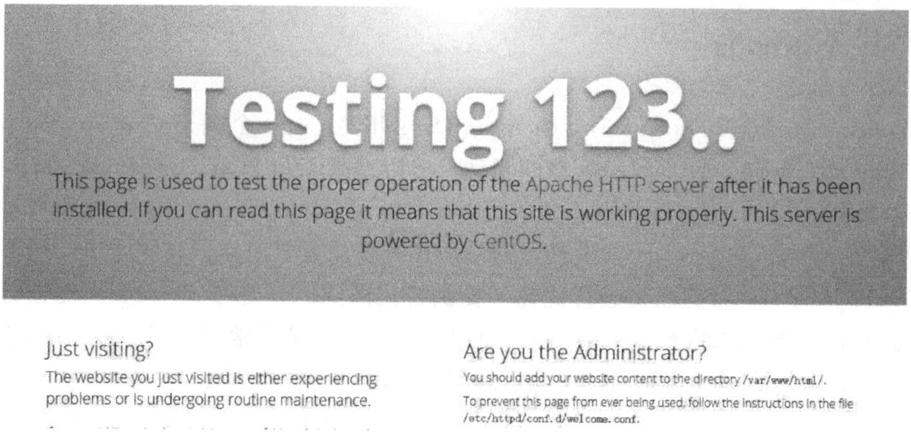

Testing 123..

This page is used to test the proper operation of the Apache HTTP server after it has been installed. If you can read this page it means that this site is working properly. This server is powered by CentOS.

Just visiting?
The website you just visited is either experiencing problems or is undergoing routine maintenance.

Are you the Administrator?
You should add your website content to the directory /var/www/html/.
To prevent this page from ever being used, follow the instructions in the file /etc/httpd/conf.d/welcome.conf.

图 5-2   httpd 启动初始页面

从这个页面的显示可以知道，httpd 服务正常启动。后面可以根据自己的需求假设自己的网站。

5.4.2   配置和默认站点文件信息

安装好以后需要知道 http 服务安装的文件信息，如表 5-1httpd 应用默认安装文件夹所示。

表 5-1   httpd 应用默认安装文件夹

默认安装文件目录	描述
/etc/httpd/	配置文件目录
/etc/httpd/conf	配置文件 httpd.conf 所在目录
/etc/httpd/conf.d	其他配置文件所在目录，新建虚拟站点文件 vhosts.conf 所在目录
/var/www/	默认网站信息目录

在这些文件信息中，最为关键的就是/etc/httpd/conf/httpd.conf 文件。所有配置信息都是在这个文件中加载的，每次更改完成后都需要重启 httpd 服务。

打开 httpd.conf 文件后，有很多信息，需要大家去识别，在基础应用中，关注几个配置信息就可以了，特别注意 "#" 开头的信息都是注释信息，如果有需要配置的就需要把配置信息前的 # 去掉。见表 5-2。

表 5-2   httpd.conf 文件中的关键设置信息

设置条目	描述
ServerRoot "/etc/httpd"	httpd 服务运行的主目录
Listen 80	httpd 服务器传输端口号
Include conf.modules.d/ * .conf	加载服务主目录下的程序模块文件

设置条目	描述
＃ServerName www.example.com:80	网页服务使用的域名

<Directory />
    AllowOverride none
    Require all denied
</Directory>
	Apaceh2.4 版新的特性,总体设置文件夹的属性,一般需要更改为 Require all granted

DocumentRoot "/var/www/html"	网站文件默认的主目录

<Directory "/var/www">
    AllowOverride None
    Require all granted
</Directory>
	对主目录文件的权限设置

<Directory "/var/www/html">
    Options Indexes FollowSymLinks
    AllowOverride None
    Require all granted
</Directory>
	对主目录文件的权限设置

<IfModule dir_module> DirectoryIndex index.html </IfModule>	加载主页文件信息
IncludeOptional conf.d/ * .conf	加载服务主目录下的所有可选的配置文件,特别的由这个配置调取虚拟机主文件配置信息

5.4.3　第一个站点页面

在默认的站点目录/var/www/html 下建一个 index.html 文件,内容就是"我的第一个站点",使用 vi/var/www/html/index.html 命令就可以了。

重启 httpd 服务后,使用 http://192.168.174.129 没有打开显示我的第一个站点,显示的还是图 5-2 httpd 启动初始页面信息。

需要对 http.conf 做编辑处理。就是把其中目录权限设置,设置为如图 5-3 所示,Require all granted 进行目录授权,允许访问。

```
<Directory />
    AllowOverride none
    Require all granted
</Directory>
```

图 5-3　http.conf 文件中目录权限设置

这时刷新客户端页面,就可以看到,如图 5-4 所示。

这是我的第一个站点页面

图 5-4　访问第一站点页面

对于主页 index. html 的设置可以多加一些其他页面供服务器应用，比如以后用的 php、jsp、asp 等文件。在/var/www/html/目录中新建 test. html 文件，输入内容为 "这是把 test. html 作为主页的测试文件"，并且把 http. conf 的信息设置为

```
<IfModule dir_module>
DirectoryIndex index. html   test. html   //文件名之间用空格隔开
</IfModule>
```

设置完以后，把 index. html 文件删除掉，或者修改个名字，使用

```
# rm -f index. html
```

或者使用

```
# mv index. html   index. html. bak
```

重启 httpd 服务，刷新前面的首页页面就可以看到图 5-5 所示修改后的主页文件。

这是把test.html作为主页的测试文件

图 5-5　修改主页的 test

5.5　Apache 虚拟主机构建站点

Apache 虚拟主机（Virtual Host）是指在一个机器上运行多个网络站点，使用虚拟主机可以丰富 WWW 服务器提供的功能。使用虚拟主机构建站点可以基于域名不同、基于 IP 地址不同和基于监听端口不同等多种方式。

Apache 虚拟主机配置指令，如表 5-3 所示。

表 5-3　虚拟主机配置指令

标识符	描述	语法
<VirtualHost>	用于指定 Apache 虚拟主机主机名或 IP 地址的指令	<VirtualHost 地址［:端口号］［地址［:端口号］］……>……</VirtualHost>
NameVirtualHost	为一个基于域名的虚拟主机指定一个 IP 地址	NameVirtualHost 地址［:端口］ 示例:NameVirtualHost 1. 2. 3. 4 　<VirtualHost 1. 2. 3. 4> 　… 　</VirtualHost>
ServerName	服务器用于辨识自己的主机名和端口号	ServerName 完整的域名［:端口号］
DocumentRoot	虚拟主机主文档的目录	

5.5.1 基于域名的虚拟主机

通常 WWW 服务器有一个 IP 地址，可以利用域名来管理多个不同的网络站点。

在/etc/httpd/conf.d 文件夹内创建一个 vhost-test.conf 文件，文件内容为：

```
<VirtualHost * :80>
    ServerName www.test1.com
    DocumentRoot "/www/test/domain"
</VirtualHost>
<VirtualHost * :80>
    ServerName www.test2.com
    DocumentRoot "/www/test/otherdomain"
</VirtualHost>
```

创建完 vhost-test.conf 文件后，把 DocumentRoot 所列出来的目录创建出来，使用命令

```
# mkdir -p /www/test/domain
# mkdir -p /www/test/otherdomain
```

然后分别在 domain 和 otherdomain 文件夹内创建 index.html 文件，为了区分在 domain 中的 index.html 文件输入 domain 的标识，例如输入内容"这是我的第一个站点页面 domain"，同样在 otherdomain 的 index.html 文件中输入"这是我的第一个站点页面 otherdomain"。

上面的设置完成后，重启 http 服务。

在没有 DNS 服务器支持的情况下，对自己使用的客户端操作系统的 hosts 文件进行配置。在 Windows 系统的 C 盘下，按照这个路径去找

```
C:\Windows\System32\drivers\etc
```

在文件夹下有个 hosts 文件，该文件需要管理员的改写权限，如果没有设置，使用记事本程序打开是不能修改保存的，如果修改保存就会弹出警示框，如图 5-6 所示。

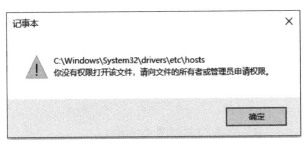

图 5-6 hosts 权限修改提示

在 hosts 文件上点击右键，设置 hosts 文件的属性，给打开文件的用户完全控制的权限，如图 5-7 所示。

图 5-7　给 hosts 文件的用户完全控制权限

完成后就可以打开 hosts 文件并且在后面添加两行内容

```
192.168.174.129 www.test1.com
192.168.174.129 www.test2.com
```

完成后，使用浏览器的两个窗口或者一个窗口的两个标签页分别打开 www.test1.com 和 www.test2.com，如图 5-8、图 5-9 所示，这就实现了一个 IP 地址管理多个网络站点的应用。

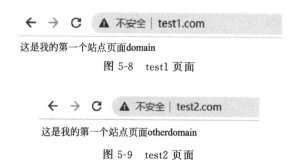

图 5-8　test1 页面

图 5-9　test2 页面

5.5.2 基于多个 IP 地址管理多个网站

一般服务器都会有多个网卡，每个网卡都可以设置一个独立的网段的 IP 地址，另外同一个网卡也可以设置多个同一网段的 IP 地址，这样就可以在运行 Apache Http 服务的主机上设置根据主机 IP 的多网站的虚拟主机。

在测试用的 Linux 服务器上，输入命令

```
# vi/etc/sysconfig/network-scripts/ifcfg-ens33
```

在设置中改写 IPADDR 地址项目，如图 5-10 所示。

```
IPADDR=192.168.174.129
IPADDR1=192.168.174.149
NETMASK=255.255.255.0
GATEWAY=192.168.174.2
DNS1=192.168.174.2
```

图 5-10　一个网卡设置多个地址

重启网络服务让网络 IP 生效，如图 5-11 所示。

```
2: ens33: <BROADCAST,MULTICAST,UP,LOWER_UP> mtu 1500 qdisc pfifo
    link/ether 00:0c:29:e2:aa:9b brd ff:ff:ff:ff:ff:ff
    inet 192.168.174.129/24 brd 192.168.174.255 scope global nop
       valid_lft forever preferred_lft forever
    inet 192.168.174.149/24 brd 192.168.174.255 scope global sec
       valid_lft forever preferred_lft forever
    inet6 fe80::d84:9d7d:d907:2d76/64 scope link noprefixroute
       valid_lft forever preferred_lft forever
```

图 5-11　同一网卡多 IP

创建另外一个虚拟主机文件 vhost-test2.conf，设置为

```
        <VirtualHost 192.168.174.129>
        ServerName www.test1.com
        DocumentRoot "/www/test/IP1domain"
        </VirtualHost>

        <VirtualHost 192.168.174.149>
        ServerName www.test2.com
        DocumentRoot "/www/test/IP2domain"
</VirtualHost>
```

与前面基于域名的虚拟机创建一样，做好相关的目录设置和创建，在 IP1domain 和 IP2domain 中创建好 index.html 文件，并做好显示内容的不同。使用 http://192.168.174.129 和 http://www.test1.com 访问页面效果是一样的，如图 5-12、图 5-13 所示，同样的另外一个 IP 地址和域名的效果一样，如图 5-14、

图 5-15 所示。

这是IP地址为192.168.174.129站点页面

图 5-12　使用 IP192.168.174.129 访问页面

这是IP地址为192.168.174.129站点页面

图 5-13　使用域名 test1 访问页面

这是IP地址为192.168.174.149的站点页面

图 5-14　使用 IP192.168.174.149 访问页面

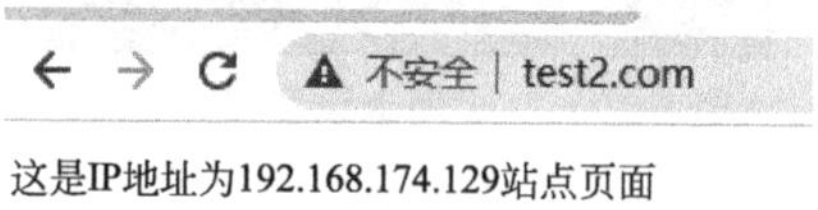

这是IP地址为192.168.174.129站点页面

图 5-15　使用域名 test2 访问页面

5.5.3　基于监听端口的虚拟主机

在 http.conf 的全局配置中有一项对于服务器端口的监听测试，可以根据不同的监听端口做基于端口的虚拟主机设置，用于建立多个网站。

创建基于端口的虚拟主机文件 vhost-test3.conf，详细配置为：

```
<VirtualHost 192.168.174.129:80>
ServerName www.test1.com
DocumentRoot "/www/test/IP1port80"
</VirtualHost>


<VirtualHost 192.168.174.129:8080>
ServerName www.test2.com
DocumentRoot "/www/test/IP1port8080"
</VirtualHost>


<VirtualHost 192.168.174.149:80>
ServerName www.test1.org
DocumentRoot "/www/test/IP2port80"
</VirtualHost>
```

```
<VirtualHost 192.168.174.149:8080>
ServerName www.test2.org
DocumentRoot "/www/test/IP2port8080"
</VirtualHost>
```

在 http.conf 文件中的监听端口处加入全局配置信息：

```
Listen 8080
```

并模仿前面虚拟机设置创建相应的目录和文件，使用带有端口的访问网站页面，使用 http://IP:80 和 http://IP:8080 的形式。访问后的页面如图 5-16～图 5-19 所示。

← → C ⚠ 不安全 | 192.168.174.129

这是IP1的端口80的测试网站

图 5-16　使用 IP1 的端口 80 访问的页面

← → C ⚠ 不安全 | 192.168.174.129:8080

这是IP1的端口8080的测试网站

图 5-17　使用 IP1 的端口 8080 访问的页面

← → C ⚠ 不安全 | 192.168.174.149

这是IP2的端口80的测试网站

图 5-18　使用 IP2 的端口 80 访问的页面

← → C ⚠ 不安全 | 192.168.174.149:8080

这是IP2的端口8080的测试网站

图 5-19　使用 IP2 的端口 8080 访问的页面

5.5.4　HTTP 协议应用头部信息

在网站开发和运维应用中，进行调试是必要的工作，特别是现在流行的 Web 前端开发工作，经常使用浏览器的调试来查看代码应用的正确性，常用的调试浏览器就是谷歌浏览器。

在前面浏览的页面上使用谷歌浏览器的"F12 键"，就可以打开如图 5-20 所示界面。

在左侧空白处右键使用"重新加载"，在右侧区域，顺序点击"network"和网页的 IP 地址，就可以显示客户端与服务器之间发送的头部请求（见图 5-21）和应答（见

图 5-22）信息。如图 5-23 所示。

图 5-20　谷歌浏览器的 F12 键打开界面

▼ **Response Headers**　　view source

　　Accept-Ranges: bytes

　　Content-Length: 38

　　Content-Type: text/html; charset=UTF-8

　　Date: Mon, 22 Mar 2021 01:27:45 GMT

　　ETag: "26-5be0c171cc04a"

　　Last-Modified: Sun, 21 Mar 2021 13:40:20 GMT

　　Server: Apache/2.4.6 (CentOS)

图 5-21　服务器 Response 消息

▼ **Request Headers**　　view source

　　Accept: text/html,application/xhtml+xml,application/xml;q=0.9,image/avif

　　e;v=b3;q=0.9

　　Accept-Encoding: gzip, deflate

　　Accept-Language: zh-CN,zh;q=0.9

　　Cache-Control: max-age=0

　　Connection: keep-alive

　　Host: 192.168.174.129:8080

　　If-Modified-Since: Sun, 21 Mar 2021 13:40:20 GMT

　　If-None-Match: "26-5be0c171cc04a"

　　Upgrade-Insecure-Requests: 1

　　User-Agent: Mozilla/5.0 (Linux; Android 5.0; SM-G900P Build/LRX21T) Appl

　　ile Safari/537.36

图 5-22　客户请求 Request 消息

×　Headers　Preview　Response　Initiator　Timing

▼ General

　　Request URL: http://192.168.174.129:8080/

　　Request Method: GET

　　Status Code: ● 304 Not Modified

　　Remote Address: 192.168.174.129:8080

　　Referrer Policy: strict-origin-when-cross-origin

图 5-23　网页 Header 信息

头部 Headers 信息直接显示请求的网站地址 http://192.168.174.129:8080，请求方式是 GET。从应答消息可以看到服务器是 Apache2.4.6 在 CentOS 上架设的，另外就是在请求消息中详细说明了请求的详细信息。

对于浏览器的调试功能，是在后续做网站开发和网站运维工作中进行调试故障的非常重要的手段，大家可以深入去探讨一下使用技巧。

5.5.5 Windows 系统中的 Apache

Apache 也经常在 Windows 系统使用，特别是对于免费的 PHP 的支持，很多做 PHP 开发应用的程序员，一般都会下载集成了 Apache 的集成平台工具 WAMP 或者 XAMPP。这些工具缩写中的 "a" 就是代表 Apache。

这里以 XAMPP 为例，可以从网络下载 XAMPP 集成软件，然后在 Windows 系统中采用默认安装就可以了。安装完成后，在桌面上可以找到 xampp-console 快捷方式，如图 5-24 所示。

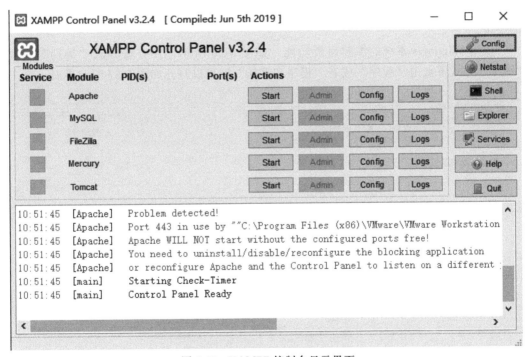

图 5-24　XAMPP 控制台显示界面

在控制台界面点击 "Config"，就可以打开图 5-25 所示菜单，这些就是服务的配置菜单信息，可以进入到相关的设置中，根据所学的内容，应该熟悉 Apache（httpd.conf），点击就可以打开这个文件，如前面所学进行设置。

启动 XAMPP 的方式，就是在图 5-24 中点击 Start 按钮。正常启动后，就可以使用浏览器访问了。

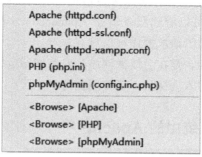

图 5-25　Config 配置菜单

5.6　IIS

对于使用 Windows 平台的用户可以非常轻松使用 IIS 来进行简单的 WWW 服务器的架设。

使用 Windows 系统的控制面板功能，如图 5-26 所示，在查看方式"类别"或者"图标"方式下点击"程序"或者"程序和功能"就可以打开如图 5-27 所示界面。

图 5-26　Windows 控制面板

点击"启用或关闭 Windows 功能"，打开如图 5-28 所示界面，选择"Internet Information Service"功能，这样就默认选择了 Windows 的 Web 服务功能。点击"确定"，让设置生效。

IIS 的选择应用完成后，在 Windows 的桌面上找到"此电脑"点击右键，如图 5-29

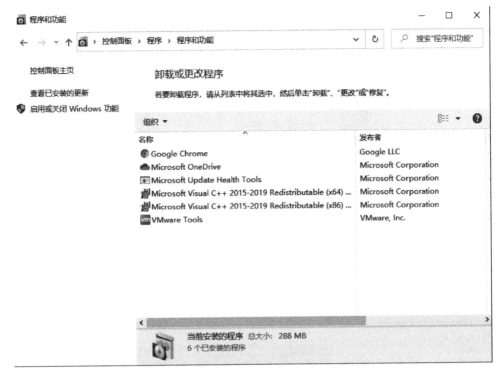

图 5-27　程序和功能

图 5-28　Windows IIS

所示，选择"管理"打开。

　　在计算机管理控制台，点击"服务和应用程序"，然后点击"IIS 管理器"，打开如图 5-30 所示界面。

　　图 5-31 所示为默认站点管理界面。

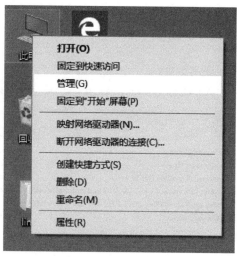

图 5-29　进入 Windows 系统的管理

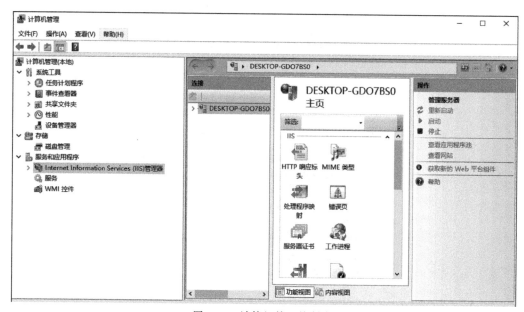

图 5-30　计算机管理控制台

双击"默认文档"打开图 5-32 所示界面，这里的默认文档可以调整，与 Apache 的 index.html 设置意义相同。

另外在图 5-31 中的右侧栏，如图 5-33 所示，在其中可以看到对默认网站的基本操作功能，在其中点击"浏览"就可以打开图 5-34 网站的主目录，可以查看路径，在简单应用中，可以像在 Apache httpd 服务应用中，自建主页文件 index.html。

完成基本的应用后，在 Windows 系统中，可以查看系统的 IP 地址，然后使用浏览器访问 IIS 搭建的站点，如果是本地访问，也可以在浏览器中用 http://localhost 访问，如图 5-35 所示。

图 5-31　Default Web Site 主页

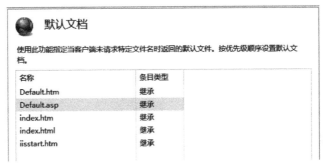

图 5-32　默认文档

图 5-33　默认站点操作功能

图 5-34　浏览网站主目录

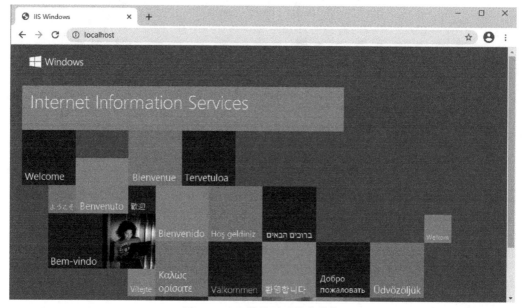

图 5-35　IIS 默认显示站点信息

　　自建一个网页主页文件 index. html，输入内容为 "This is my first based-IIS WEB PAGE"（这里主要为了避免中文显示乱码，所以使用英文字符），把这个文件拷贝到图 5-34 所示网站主目录中。浏览器中访问主页，显示如图 5-36 所示。

This is my first based-IIS WEB PAGE

图 5-36　自建主页 index. html

第6章

FTP 服务应用

资源下载是计算机网络提供的主要功能，利用资源下载功能能够获得丰富多彩的资源，是网络用户使用网络的期望。在很多教育教学单位都会有供用户下载的软件或者影视频资源共享服务器，都是由 FTP 协议支持的。

6.1 FTP 协议概述

文件传输协议（FTP）是 Internet 中用于访问远程机器的一个协议，它使用户可以在本地机和远程机之间进行有关文件的操作。FTP 协议允许传输任意文件并且允许文件具有所有权与访问权限。也就是说，通过 FTP 协议，可以与 Internet 上的 FTP 服务器进行文件的上传或下载等动作。

和其他 Internet 应用一样，FTP 也采用了客户端/服务器模式，它包含客户端 FTP 和服务器 FTP，客户端 FTP 启动传送过程，而服务器 FTP 对其做出应答。在 Internet 上有一些网站，它们依照 FTP 协议提供服务，让用户进行文件的存取，这些网站就是 FTP 服务器。网上的用户要连上 FTP 服务器，就要用到 FTP 的客户端软件。通常 Windows 都有 ftp 命令，这实际就是一个命令行的 FTP 客户端程序，另外常用的 FTP 客户端程序还有 CuteFTP、Leapftp、FlashFXP 等。

6.2 FTP 工作原理

FTP 使用 2 个 TCP 端口，首先是建立一个命令端口（控制端口），然后再产生一个数据端口。FTP 分为主动模式和被动模式两种，FTP 工作在主动模式使用 tcp 21 和 tcp 20 两个端口，而工作在被动模式会工作在大于 1024 随机端口。FTP 最权威的参考见 RFC[①]959。目前主流的 FTP Server 服务器模式都是同时支持 port 和 pasv 两种方式，但是为了方便管理安全管理防火墙和设置 ACL，了解 FTP Server 的 port 和 pasv 模式是很有必要的。

6.2.1 ftp port 模式（主动模式）

主动方式的 FTP 是这样的：客户端从一个任意的非特权端口 N（N＞1024）连接到 FTP 服务器的命令端口（即 tcp 21 端口）。紧接着客户端开始监听端口 N+1，并发送 FTP 命令"port N+1"到 FTP 服务器。最后服务器会从它自己的数据端口（20）连接到客户端指定的数据端口（N+1），这样客户端就可以和 ftp 服务器建立数据传输通道了。如图 6-1 所示。

在主动模式下，FTP 客户端从任意端口 5150（端口号＞1023）发起一个 FTP 请求，并携带自己监听的端口号 5151（发送的端口号＋1＝监听端口号）；随后服务器返回确认，然后从服务器本地的 20 端口主动发起连接请求到客户端的监听端口 5151，最后客户端返回确认。

6.2.2 ftp pasv 模式（被动模式）

在被动方式 FTP 中，命令连接和数据连接都由客户端发起。当开启一个 FTP 连接时，客户端打开两个任意的非特权本地端口（N＞1024 和 N+1）。第一个端口连接服务器的 21 端口，但与主动方式的 FTP 不同，客户端不会提交 PORT 命令并允许服务器来回连它的数据端口，而是提交 PASV 命令。这样做的结果是服务器会开启一个任意的非特权端口（P＞1024），并发送 PORT P 命令给客户端。然后客户端发起从本地端口 N+1 到服务器的端口 P 的连接用来传送数据。如图 6-2 所示。

在被动模式中，命令连接和数据连接都由客户端来发起，如图 6-2 所示，客户端用随机命令端口 5150 向服务器的 21 命令端口发送一个 PASV 请求，然后服务器返回数据端口 3267，告诉客户端在哪个端口监听数据连接。然后客户端向服务器的监听端口 3268 发起数据连接，最后服务器回复确认。vsftpd 默认是被动模式。

---

❶ RFC（Request For Comments）文件收集了有关互联网相关信息，以及 Unix 和互联网社区的软件文件。RFC 文件由 Internet Society（ISOC）赞助发行。基本的互联网通信协议都有在 RFC 文件内详细说明。

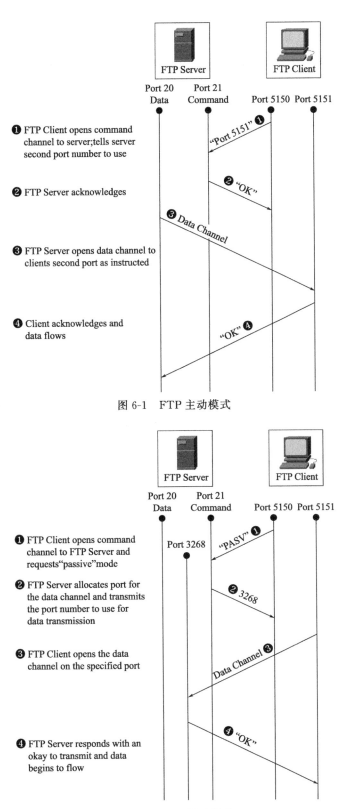

FTP Server

Port 20 Data   Port 21 Command   Port 5150   Port 5151

FTP Client

❶ FTP Client opens command channel to server;tells server second port number to use

"Port 5151" ❶

❷ FTP Server acknowledges

❷ "OK"

❸ Data Channel

❸ FTP Server opens data channel to clients second port as instructed

❹ Client acknowledges and data flows

"OK" ❹

图 6-1 FTP 主动模式

FTP Server

Port 20 Data   Port 21 Command   Port 5150   Port 5151

FTP Client

❶ FTP Client opens command channel to FTP Server and requests"passive"mode

Port 3268

"PASV" ❶

❷ FTP Server allocates port for the data channel and transmits the port number to use for data transmission

❷ 3268

❸ FTP Client opens the data channel on the specified port

Data Channel ❸

❹ FTP Server responds with an okay to transmit and data begins to flow

❹ "OK"

图 6-2 FTP 被动模式

ftp 的 port 和 pasv 模式最主要区别就是数据端口连接方式不同,ftp port 模式只要开启服务器的 21 和 20 端口,而 ftp pasv 需要开启服务器大于 1024 所有 tcp 端口和 tcp 21 端口。从网络安全的角度来看,似乎 ftp port 模式更安全,而 ftp pasv 更不安全,那么为什么 RFC 要在 ftp port 基础再制订一个 ftp pasv 模式呢?其实 RFC 制定 ftp pasv 模式的主要目的是从数据传输安全角度出发的,因为 ftp port 使用固定 20 端口进行传输数据,那么作为黑客很容易使用 sniffer 等探嗅器抓取 ftp 数据,这样一来通过 ftp port 模式传输数据很容易被黑客窃取,因此使用 pasv 方式来架设 ftp server 是最安全绝佳的方案。

6.3 Linux 上的 vsftpd

在 Linux 上搭建 FTP 服务器是比较容易的,通常使用 vsftpd 软件进行搭建。

使用 yum 安装 vsftpd 很容易,为了方便调试一般把 ftpclient 也安装上,方便使用 ftp 命令进行调试,具体命令为

```
# yum install -y vsftpd
# yum install -y ftpclient
```

安装完以后,对于服务应用,与前面的 httpd 服务一样,为了调试方便,把防火墙和 selinux 都关闭,然后开启 FTP 服务就可以了。

```
# systemctl stop firewalld
# setselinux   0
# systemctl start vsftpd
```

6.3.1 vsftpd 的配置文件

vsftpd 软件安装成功后,vsftpd 的配置文件被放在/etc/vsftpd 目录下,默认的 ftp 用户文件在/var/ftp/pub 目录下。

vsftpd 的配置文件 vsftpd.conf 的主要内容如表 6-1 所示。

表 6-1   vsftpd.conf 配置信息和描述信息

配置信息	描述信息
anonymous_enable=NO	设定是否匿名访问,允许设置为 YES
local_enable=YES	设定本地用户可以访问
write_enable=YES	设定可以进行写操作
local_umask=022	设定上传后文件的权限掩码
anon_upload_enable=NO	禁止匿名用户上传

配置信息	描述信息
anon_mkdir_write_enable＝NO	禁止匿名用户建立目录
dirmessage_enable＝YES	设定开启目录标语功能
xferlog_enable＝YES	设定开启日志记录功能
connect_from_port_20＝YES	设定端口 20 进行数据连接（主动模式）
chown_uploads＝NO	设定禁止上传文件更改宿主
＃chown_username＝whoever	
xferlog_file＝/var/log/xferlog	设定 vsftpd 的服务日志保存路径
xferlog_std_format＝YES	设定日志使用标准的记录格式
＃idle_session_timeout＝600	设定空闲连接超时时间，单位为秒，这里默认
＃data_connection_timeout＝120	设定空闲连接超时时间，单位为秒，这里默认
＃nopriv_user＝ftptest	
async_abor_enable＝YES	设定支持异步传输功能
ascii_upload_enable＝YES	
ascii_download_enable＝YES	设定支持 ASCII 模式的上传和下载功能
ftpd_banner＝Welcome to blah FTP service.	设定 vsftpd 的登录标语
＃deny_email_enable＝YES	(default follows)
＃banned_email_file＝/etc/vsftpd/banned_emails	
chroot_local_user＝YES	
chroot_list_enable＝YES	禁止用户登录自己的 FTP 主目录
chroot_list_file＝/etc/vsftpd/chroot_list	这个文件里的用户不受限制，不限制在本目录
ls_recurse_enable＝NO	禁止用户登录 FTP 后使用"ls -R"的命令
＃listen＝NO	是否监听
＃listen_ipv6＝YES	是否监听 IPv6
userlist_enable＝YES	设定 userlist_file 中的用户将不得使用 FTP
tcp_wrappers＝YES	设定支持 TCP Wrappers
allow_writeable_chroot＝YES	可以解决 chroot 权限问题

进行 FTP 服务的应用需要对 vsftd. conf 进行相关的配置。

6.3.2 匿名用户访问 FTP

vsftp 在默认安装并启动后，其中的 anonymous _ enable＝YES，说明默认就可以使用匿名账户访问架设的 FTP 服务器。

可以在 CentOS 本地机上，直接使用 ftp localhost 或者 ftp ip 访问 FTP 服务，用户名使用 anonymous，密码为空，如图 6-3 所示。

登录后，需要了解一个问题，如果下载上传文件，这些文件将放在什么目录下，这个是需要注意的。如图 6-3 所示，案例是建立了一个 ftptmp 文件夹，需要先进入这个文件夹下，使用 ftp localhost 命令，这样登录进入后，上传文件和下载文件都是在文件夹 ftptmp 里操作的。

另外在默认的匿名用户下，只能从 FTP 服务器的默认目录/var/ftp/pub 中下载文件，不能上传文件或者文件夹。比如在 ftptmp 文件夹下建立一个文件 ftpclient.text，连接进入 FTP 服务器，使用上传命令 put 命令，就会出现被拒绝的提示，如图 6-4 所示。

```
[root@bogon ftptmp]# ftp localhost
Trying ::1...
Connected to localhost (::1).
220 (vsFTPd 3.0.2)
Name (localhost:root): anonymous
331 Please specify the password.
Password:
230 Login successful.
Remote system type is UNIX.
Using binary mode to transfer files.
```

图 6-3　匿名访问 FTP

```
ftp> put ftpclient.text
local: ftpclient.text remote: ftpclient.text
229 Entering Extended Passive Mode (|||60151|).
553 Could not create file.
```

图 6-4　匿名用户上传被拒绝

使用 Linux 的客户端访问，一般会很不适应，如果使用同一网段的 Windows 平台也可以访问 FTP 服务器上的资源。在 Windows 平台不建议使用 IE 浏览器或者 Edge 浏览器访问，一般都是使用 Windows 的资源管理器，打开"我的电脑"类等提示图标就可以打开 Windows 的资源管理器，可以看到 Windows 的相关分区等信息，在地址栏内输入 ftp://FTP 服务器的 IP 地址，例如 ftp://192.168.124.5，这样就可以打开图 6-5 所示界面。

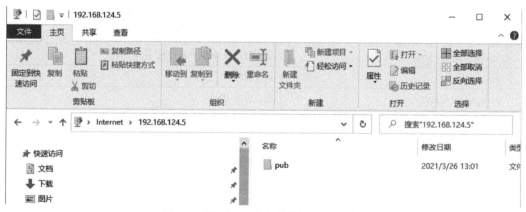

图 6-5　Windows 客户端访问 FTP 服务

双击进入"pub"文件夹，就可以看到能下载的资源了，但是不能上传资料，如果在 Windows 平台创建文件，复制粘贴（上传）到 FTP 服务器中，就会出现图 6-6 所示界面。

从上述操作可以发现，vsftpd 应用对匿名账户做了比较多的限制，这是为了保证服务器的安全。

如果这是为了调试方便，可以使用一些设置，就能够完成匿名账户的文件上传和下载。

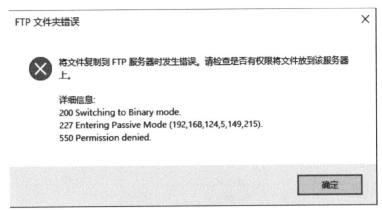

图 6-6　Windows 平台匿名账户上传被拒绝

在 vsftpd. conf 文件中把 anon＿upload＿enable 和 anon＿mkdir＿write＿enable 两个选项打开并且设置为 YES 状态，这样设置后还不能完成匿名账户的上传应用，还需要给/var/ftp/pub 目录一个其他用户可以写入的权限，使用命令

```
# chmod o＋w /var/ftp/pub
```

上述设置完成后，重启 vsftpd 服务，就可以使用匿名账户上传文件和文件夹了，比较直观的显示就是可以直接在 pub 目录下创建文件夹，这样就可以看到匿名账户开启了上传权限。特别提示用户在生产环境中不要开启匿名账户的上传权限。

6.3.3　本地默认账户访问

对于本地账户的 FTP 服务应用相对来说也比较简单，只需要在 CentOS 上创建本地账户和账户密码，就可以打开本地账户的文件应用。主要是 vsftpd. conf 文件中的 local＿enable、write＿enable 都设置为 YES，可以进行相关操作。

```
local_enable＝YES 设定本地用户可以访问
write_enable＝YES 设定可以进行写操作
local_umask＝022 设定上传后文件的权限掩码
```

登录后默认使用的目录就是本地账户的家目录，即/home/本地账户/。

创建账户的命令为：

```
# useradd ftptest
# passwd ftptest
```

比如创建 ftptest 用户和账户密码，就会创建/home/ftptest 目录，这个目录归属 ftptest 用户和 ftptest 用户组，属主权限都被赋予上了。

在客户端登录 FTP 服务器，使用用户账户和密码就可以直接登录到 FTP 服务器中，并且直接打开用户的家目录作为客户操作的文件默认目录。

现在使用前面的 Windows 系统平台去登录，在打开的操作界面中使用右键，如图 6-7 所示。

图 6-7　Windows 右键菜单

点击"登录"，可以打开图 6-8 所示窗口，在其中输入本地账户的用户名和密码，就可以登录本地账户所属家目录，在这个目录里就可以上传和下载文件了。

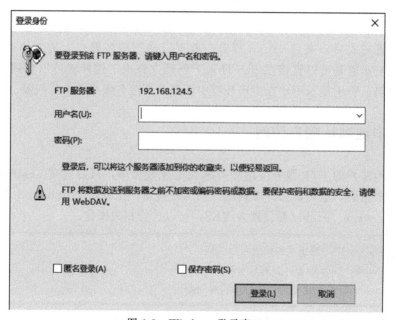

图 6-8　Windows 登录窗口

6.3.4　虚拟用户账户访问

虚拟账户访问 vsftp 应用相对来说比较安全。与匿名和本地账户应用比较，是最安全的一种认证模式，需要为 FTP 服务单独建立用户数据库文件，虚拟出用来进行口令验证的账户信息，而这些账户信息在服务器系统中实际上是不存在的，仅供 FTP 服务程序进行认证使用。这样，即使黑客破解了账户信息也无法登录服务器，从而有效降低了破坏范围和影响。

创建虚拟账户访问 vsftpd 应用是一个比较繁琐的过程，其步骤如下。

① 创建一个不能登录系统的用户 ftpuser，用于映射虚拟用户的 ftp 根目录。

```
# useradd -d /home/ftpsite -s /sbin/nologin ftpuser
# chmod 550 /home/ftpsite/
```

② 配置 vsftpd.conf 文件，做修改前一定要做好备份。

```
# cd /etc/vsftpd
# cp vsftpd.conf vsftpd.conf.bak
# vi vsftpd.conf
```

按照下面的设置配置虚拟账户访问需要的设置信息：

```
anonymous_enable=NO        #关闭匿名开放模式
local_enable=YES           #允许本地用户模式,虚拟用户模式也要开启
guest_enable=YES           #开启虚拟用户模式
guest_username=ftpuser     #指定用于映射虚拟用户的系统账户
chroot_local_user=YES      #将所有用户限定在其主目录内,这个选项可以不设置
```

③ 在/etc/vsftpd/目录下创建虚拟用户文件 virtual_user。

```
# vi virtual_user
test1        #奇数行为用户名,用户名自定义
00000000     #偶数行为用户名,密码自定义
test2
00000000
```

使用 db_load 命令生成 vsftpd 的认证文件，将用户信息文件转换为数据库并使用 hash 加密。

```
# db_load -T -t hash -f virtual_user virtual_user.db
# chmod 600 virtual_user.db
```

④ 建立虚拟用户所需的 PAM 配置文件，对虚拟用户的安全和账户权限进行验证，新建/etc/pam.d/vsftpd.virtual 文件，加入两行验证信息。

```
# vi /etc/pam.d/vsftpd.virtual
auth      required    pam_userdb.so db=/etc/vsftpd/virtual_user
account   required    pam_userdb.so db=/etc/vsftpd/virtual_user
```

打开 vsftpd.conf 文件，指定创建的 PAM 文件 vsftpd_virtual，在其中把 pam_service_name 的值改变。

```
pam_service_name=vsftpd. virtual
```

⑤ 分别给虚拟用户创建主目录，并给主目录设置步骤①中创建的用户的属主和属组权限：

```
# mkdir /home/ftpsite/test1
# mkdir /home/ftpsite/test2
# chown ftpuser:ftpuser /home/ftpsite/test1
# chown ftpuser:ftpuser /home/ftpsite/test2
```

下面要创建虚拟用户配置文件 tes1 和 test2，把这两个文件都放置在新创建的目录/etc/vsftpd/virtual _ user _ conf 中，这里要注意配置文件的名称 tes1 和 test2 要与之前 virtual _ user 中的用户名一致。

```
# mkdir /etc/vsftpd/virtual_user_conf
# vi /etc/vsftpd/virtual_user_conf/test1
```

文件 test1 中的配置信息如下：

```
local_root=/home/ftpsite/test1        # 设置用户主目录
allow_writeable_chroot=YES            # 如果用户被限定在了其主目录下,则该用户的主目录
                                        不能再具有写权限了,可以去掉写权限或加上这项
anon_world_readable_only=NO           # 只要文件所有者对文件有读权限即可下载
write_enable=YES                      # 写入开关,是下面几个权限的前提
anon_upload_enable=YES                # 上传
anon_mkdir_write_enable=YES           # 创建文件夹
anon_other_write_enable=YES           # 删除、覆盖、重命名
# vi /etc/vsftpd/virtual_user_conf/test2
```

文件 test2 中的配置信息如下：

```
local_root=/home/ftpsite/test2
allow_writeable_chroot=YES
anon_upload_enable=YES
```

修改 vsftpd. conf 文件，在后面加上虚拟用户配置目录：

```
user_config_dir=/etc/vsftpd/virtual_user_conf
```

完成上面的 5 个步骤后，重启 vsftpd 服务。使用客户端进行测试。

在同一个网段的 Windows 系统上开启 MSDOS，在命令行中输入访问 FTP 服务器的命令。

ftp vsftp 服务系统的 IP 地址，例如 ftp 192. 168. 124. 8 就可以打开用户名提示，输入 test1 和密码 00000000，就可以进入到虚拟用户的家目录里了，可以根据目录的应用

进行文件的上传下载。如图 6-9 所示。

图 6-9　虚拟账户 test1 访问 FTP

6.4　Windows 上的 FTP

Windows 系统的 IIS 除了可以应用 WWW 服务应用外，还集成了 FTP 功能，如在 WWW 服务应用章节中的操作步骤打开 Windows 的程序启用功能，如图 6-10 所示，选定 FTP 服务器功能进行安装。

图 6-10　IIS 的 FTP 功能

安装完成以后，通过计算机的管理打开 Windows 的服务管理控制台，如图 6-11 所示，可以看到新安装好的 FTP 服务功能已经加入到 IIS 控制台中了。

FTP 服务应用默认的根目录是 C:\inetpub\ftproot，但是在不做任何操作的情况下，IIS 的 FTP 服务尽管已经开启，但是还不能使用，需要新建 FTP 服务站点，如图 6-12 所示，在主机名点击右键就可以打开菜单。

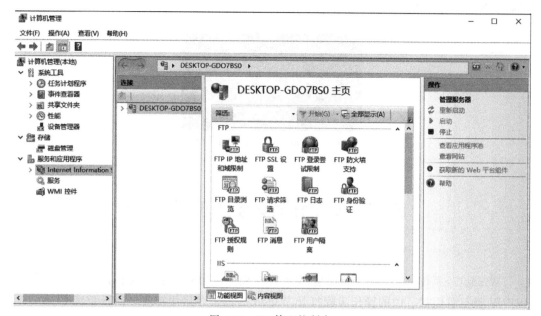

图 6-11　IIS 管理控制台

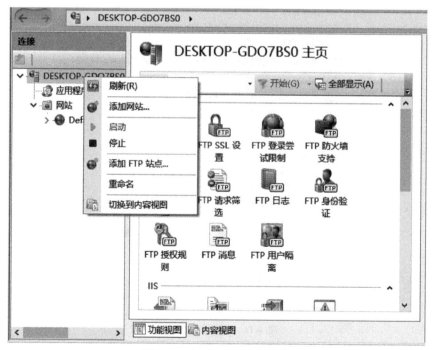

图 6-12　新建 FTP 站点菜单

　　选择"添加 FTP 站点",打开图 6-13 所示界面。

　　输入站点名称和点击 按钮,选择物理路径,可以选择默认路径外的路径。设置好站点物理路径后,在这个文件夹下创建一个测试用的文件夹和文件。点击确定后,打开图 6-14 所示界面。

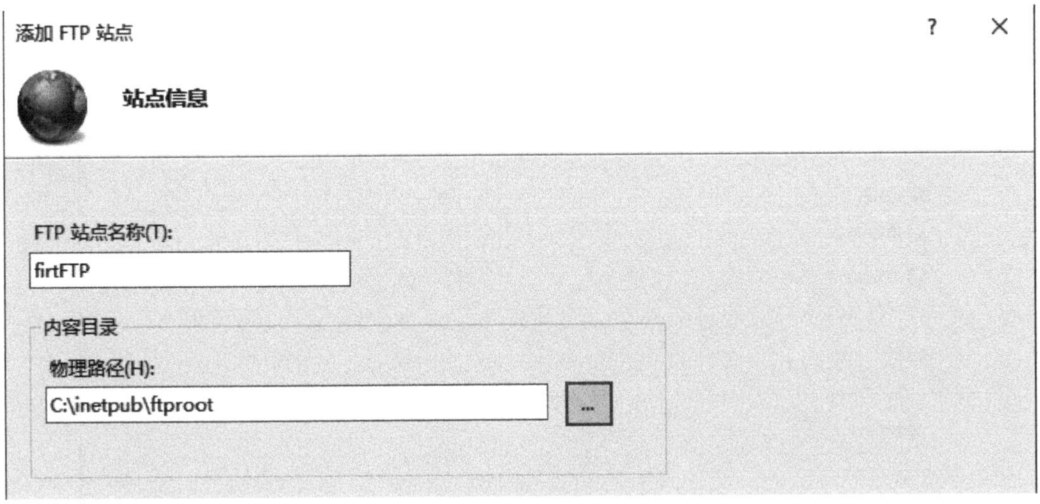

图 6-13　添加 FTP 站点

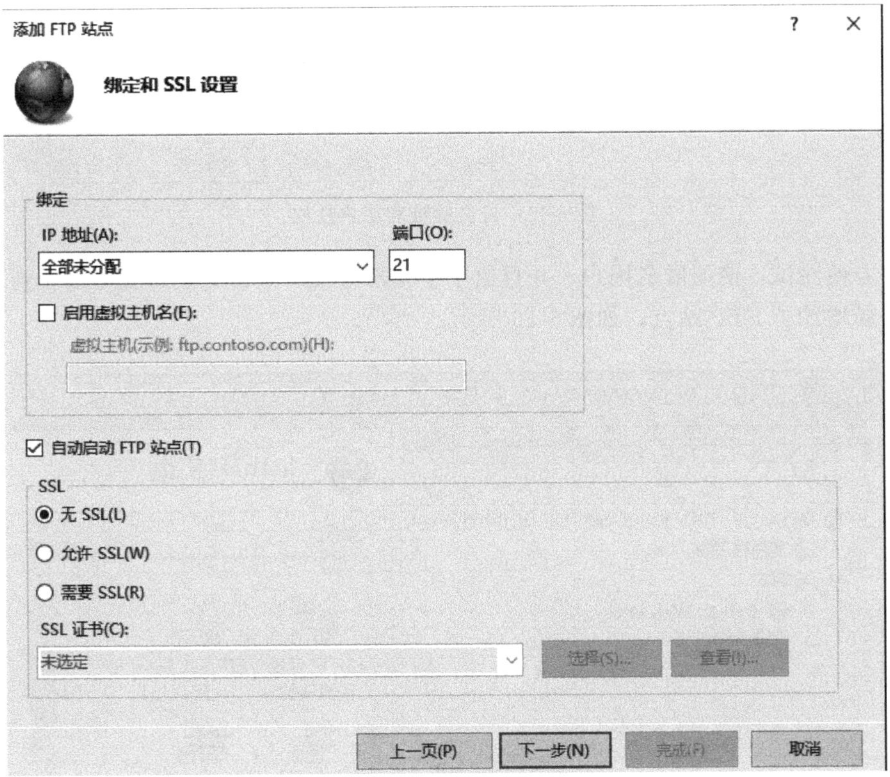

图 6-14　绑定 SSL 设置

　　可以看到 FTP 站点默认的 IP 地址就是主机地址，开放应用的端口号是 21，根据站点的需要设置 SSL，但是需要 SSL 整数，保证 FTP 站点的安全，这里为了方便测试，选择"无 SSL"，点击下一步，进入图 6-15 所示界面。

　　这里就可以进行访问用户的设置，这些是与 Windows 系统的登录账户关联的。这

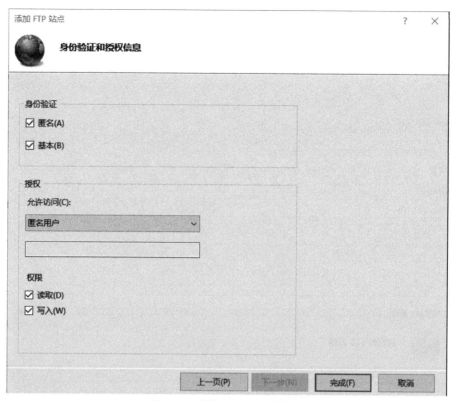

图 6-15 身份验证和用户授权

里为了方便测试，使用匿名用户，并且给予了全部权限，点击完成，就可以看到，II 主机服务新增加了 FTP 站点，如图 6-16 所示。

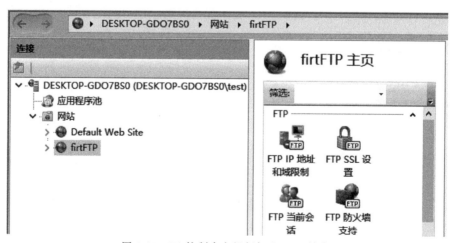

图 6-16 IIS 控制台主机新加入 FTP 站点

完成 FTP 站点的搭建后，打开 MSDOS 使用前面 Linux 上的 FTP 测试方式，分别使用命令行的方式（匿名用户为 ftp 或者 anonymous、密码为空）和 Windows 资源管理器的方式进行测试，如图 6-17 和图 6-18 所示。

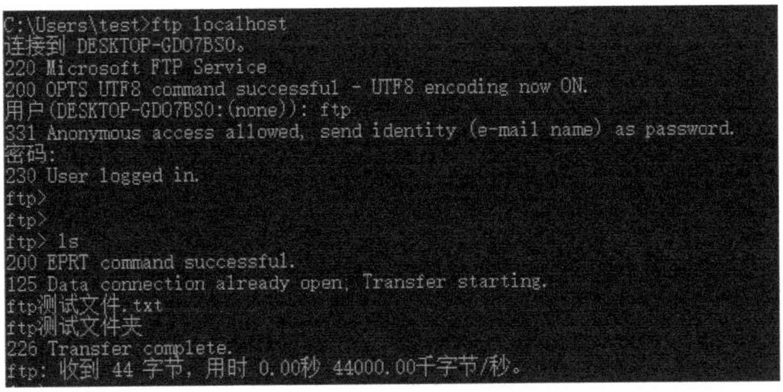

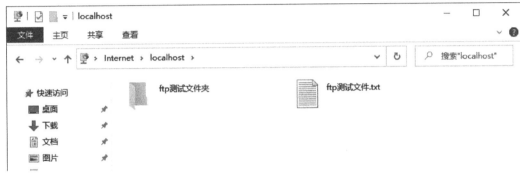

C:\Users\test>ftp localhost
连接到 DESKTOP-GD07BS0。
220 Microsoft FTP Service
200 OPTS UTF8 command successful - UTF8 encoding now ON.
用户(DESKTOP-GD07BS0:(none)): ftp
331 Anonymous access allowed, send identity (e-mail name) as password.
密码:
230 User logged in.
ftp>
ftp>
ftp> ls
200 EPRT command successful.
125 Data connection already open; Transfer starting.
ftp测试文件.txt
ftp测试文件夹
226 Transfer complete.
ftp: 收到 44 字节，用时 0.00秒 44000.00千字节/秒。

图 6-17　MSDOS 连接 FTP

localhost
文件
主页
共享
查看
Internet
localhost
搜索"localhost"
快速访问
桌面
下载
文档
图片
ftp测试文件夹
ftp测试文件.txt

图 6-18　资源管理器连接 FTP

第7章

DNS 服务应用

进行网页浏览是计算机网络的主要应用，用户在网页浏览器的地址栏内输入信息，如输入 www.baidu.com 等就能直接打开网页。现在搜索引擎都可以直接通过关键词搜索功能找到用户想要的信息，然后通过点击链接的方式进入相关网页。对于计算机的数据应用稍有点知识的用户，都知道计算机只能处理二进制信息，也就是只能处理数字信息，那在地址栏内输入文字信息的情况下，网页浏览器是怎么知道去访问人们想要的网页地址呢？这就不得不提网络应用中的 DNS 服务了。

7.1 DNS 概述

域名系统（Domain Name System，缩写：DNS）是互联网的一项服务。它作为将域名和 IP 地址相互映射的一个分布式数据库，能够使人们更方便地访问互联网。DNS 使用 UDP 端口 53。

DNS 是 Internet 上解决网上机器命名的一种系统。就像拜访朋友要先知道别人家怎么走一样，Internet 上当一台主机要访问另外一台主机时，必须首先获知其地址，TCP/IP 中的 IPv4 地址是由四段以 "." 分开的数字组成，而 IPv6 就更复杂了，记起来总是不如名字那么方便，所以，就采用了域名系统来管理名字和 IP 的对应关系。

DNS 的分布式数据库是以域名为索引的，每个域名实际上就是一棵很大的逆向树中的路径，这棵逆向树称为域名空间（domain name space）。

7.2 DNS 原理

7.2.1 域名

域名是由一串用点分隔的名字组成的 Internet 上某一台计算机或计算机组的名称，用于在数据传输时对计算机的定位标识（有时也指地理位置）。

域名结构：主机名.机构名.网络名.最高层域名.。最后有一个点即为根域。

这是一种分层的管理模式，域名用文字表达比用数字表示的 IP 地址容易记忆。加入因特网的各级网络依照域名服务器的命名规则对本网内的计算机命名，并在通信时负责完成域名到各 IP 地址的转换。

域名系统可以由一棵倒树组成，如图 7-1 所示，最高级是称为根域的 \ ，然后往下是顶级域名，最早是由 com、org、edu、mil、net、gov、ini 等组成，再往下一级称为一级域，有的也称为二级域，后面就是三级域或者主机。

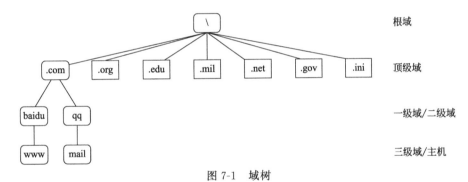

图 7-1　域树

域名的完整形态称为 FQDN（Fully Qualified Domain Name），是指包含了所有域的主机名，其中包括根域。FQDN 可以说是主机名的一种完全表示形式，它从逻辑上准确地表示出主机在什么地方。例如 www.baidu.com 的 FQDN 是 "www.baidu.com."，com 后面还有个点，这是根域；tieba.baidu.com 的 FQDN 是 "tieba.baidu.com."。

7.2.2 域名解析

域名解析服务，最早于 1983 年由保罗·莫卡派乔斯发明；原始的技术规范在 882 号因特网标准草案（RFC 882）中发布。网域名称系统（DNS，Domain Name System，有时也简称为域名系统）是因特网的一项核心服务，它作为可以将域名和 IP 地址相互映射的一个分布式数据库，是进行域名（domain name）和与之相对应的 IP 地址（IP address）转换的系统，搭载域名系统的机器称之为域名服务器，能够使人们更方便地访问互联网，而不用去记住能够被机器直接读取的 IP 地址数串。

DNS 查询以各种不同的方式进行解析。有时，客户端也可使用从先前的查询获得的缓存信息就地应答查询。DNS 服务器可使用其自身的资源记录信息缓存来应答查询。DNS 服务器也可代表请求客户端查询或联系其他 DNS 服务器，以便完全解析该名称，并随后将应答返回至客户端。这个过程称为递归。

另外，客户端自己也可尝试联系其他的 DNS 服务器来解析名称。当客户端这么做的时候，它会根据来自服务器的参考答案，使用其他的独立查询。该过程称为迭代。

7.2.3 DNS 服务器分类

DNS 服务器根据各自的功能，分为主服务器、从服务器、缓存服务器和转发器。

主 DNS 服务器就是一台存储着原始资料的 DNS 服务器。

从 DNS 服务器使用自动更新方式从主 DNS 服务器同步数据，也称为辅助 DNS 服务器。

缓存服务器不负责本地解析，采用递归方式转发客户机查询请求，并返回结果给客户机的 DNS 服务器。同时缓存查询回来的结果，也叫递归服务器。

转发器这台 DNS 发现非本机负责的查询请求时，不再向根域发起请求，而是直接转发给指定的一台或者多台服务器，自身并不缓存查询结果。

7.2.4 资源记录

DNS 服务器是如何根据主机名解析出 IP 地址，或从 IP 地址解析出主机名的呢？就要用到资源记录（Resource Record，简称 RR）。常用的记录类型有 A、AAAA、SOA、NS、PTR、CNAME、MX 等。

资源记录的定义格式：

name　　　[TTL]　　IN　　RR_TYPE　　value

SOA（Start Of Authority）：起始授权记录，一个区域解析库有且只能有一个 SOA 记录，而且必须放在第一条。

NS（Name Server）：存储的是该域内的 DNS 服务器相关信息。即 NS 记录标识了哪台服务器是 DNS 服务器。

7.3　DNS 的应用

DNS 的作用是进行域名解析，在实际应用中可以使用本地机的 host 应用和 DNS 服务器两种方式进行网络地址的应用。

7.3.1　系统本地 host 解析

不管使用什么操作系统，访问的服务器如果只知道 IP 的情况，就可以在自己本地机的 host 文件内做 IP 地址与域名的映射，这样本地机访问服务器时，可以使用自己host 文件中定义的域名访问服务器。

在 Windows 系统的目录 C:\Windows\System32\drivers\etc 下打开 hosts 文件，这个文件需要提前设置好任意用户的完全控制权限，在其中敲入 WWW 服务器的域名映射信息，如下：

```
192.168.124.130   test.test.com
```

打开浏览器，在地址栏内输入 test.test.com 就可以打开主页文件了，如图 7-2所示。

这是把test.html做为主页的测试文件

图 7-2　本地 hosts 设置后的解析

在 Linux 的应用中也存在这样一个 hosts 文件，在/etc 目录下，使用 vi/etc/hosts文件就可以进行本地域名的解析应用。本机查找完缓存后如果没有结果，会先查找hosts 文件，如果没有找到再把查询发送给 DNS 服务器，但这仅仅是默认情况，这个默认顺序是可以改变的。在/etc/nsswitch.conf 中有一行"hosts：files dns"，就是定义是先查找 hosts 文件还是先提交给 DNS 服务器的，如果修改该行为"hosts：dns files"则先提交给 DNS 服务器，这种情况下 hosts 文件几乎就不怎么用的上了。

7.3.2　DNS 服务应用的安装

在 CentOS Linux 安装 DNS 服务应用，比较简单，使用 yum 联网安装就可以了。DNS 应用的软件是 BIND（Berkeley Internet Name Domain），安装应用使用命令：

```
# yum install -y bind *
```

加入通配符"＊"把与 bind 相关的软件包都安装上。安装完毕后，Linux 就把DNS 服务应用的 Named 进程安装完毕了。

可以与前面安装的服务应用的准备工作一样，为了方便学习调试，把防火墙和SeLinux 关闭了。

```
# systemctl stop firewalld
# setenforce 0
```

然后，开启 DNS 服务应用 Named。

```
#systemctl start named
```

开启以后可以使用命令进行 named 服务的查看工作。

```
#ps -ef | grep named
#netstat -an | grep :53
```

显示结果如图 7-3、图 7-4 所示，证明 DNS 服务启用了。

```
[root@bogon ~]# ps -ef | grep named
named      1407      1  0 09:46 ?        00:00:00 /usr/sbin/named -u named -c /etc/named.conf
root       1419   1180  0 09:57 pts/0    00:00:00 grep --color=auto named
```

图 7-3　named 进程

```
[root@bogon ~]# netstat -an | grep :53
tcp        0      0 127.0.0.1:53            0.0.0.0:*               LISTEN
tcp        0      0 192.168.124.8:37630     198.41.0.4:53           TIME_WAIT
tcp        0      0 192.168.124.8:42274     198.41.0.4:53           ESTABLISHED
tcp6       0      0 ::1:53                  :::*                    LISTEN
udp        0      0 127.0.0.1:53            0.0.0.0:*
udp6       0      0 ::1:53                  :::*
```

图 7-4　named 的端口 53

7.3.3　Named 应用配置

DNS 应用软件 Bind 的主要配置文件是/etc/name. conf，该文件包含/etc/named. iscdlv. key、/etc/named. rfc1912. zones 和/etc/named. root. key，解析库文件是在/var/named/目录下，文件名字的格式为 ZONE_NAME. zone。

打开 name. conf 就可看到如下的框架：

```
options{          ————> 全局配置段
...
};
logging {         ————> 日志配置段
...
};
zone "." IN {     ————> 区域配置段,可定义在主配置文件,也可定义在"/etc/
named. rfc1912. zones"文件中
        type hint;
        file "named. ca";
};
include "/etc/named. rfc1912. zones";
include "/etc/named. root. key";
```

在配置文件中每个配置语句必须以分号结尾。配置文件中的全局配置文件，主要是设置 DNS 服务器的 IP 地址和查询授权，这里设置任意应用 any，注意一定要修改。

```
listen-on port 53 {any;};
allow-query    {any;};
```

最后使用 include 把解析的文件包含到主配置文件中。

附属配置 name.rfc1912.zones 的文件格式如下：

```
zone "localhost. localdomain" IN {
    type master;
    file "named. localhost";
    allow-update {none;};
};
```

配置文件中 localhost. localdomain 就是通常见到的域名，如 baidu. com，在其中设置这个区域 zone 的类型 type，有这样几种根域 hint、主域 master、辅助或者从域 slave、转发域 forward；使用 file 文件 named. localhost 定义域解析信息，这个文件在/var/named/目录下。

打开 name. localhost 文件如下：

```
$ TTL 1D
@IN SOA@ rname. invalid. (
                0;serial
                1D;refresh
                1H;retry
                1W;expire
                3H );minimum
NS@
A127.0.0.1
AAAA::1
```

在这个文件中，各种符号的意义如表 7-1 所示。

表 7-1　named 应用设置中的各种符号及意义

符号	意义
A 记录	将域名指向一个 IPv4 地址(例如:100.100.100.100)，需要增加 A 记录
CNAME 记录	如果将域名指向一个域名，实现与被指向域名相同的访问效果，需要增加 CNAME 记录。这个域名一般是主机服务商提供的一个域名
MX 记录	建立电子邮箱服务，将指向邮件服务器地址，需要设置 MX 记录。建立邮箱时，一般会根据邮箱服务商提供的 MX 记录填写此记录

符号	意义
NS 记录	域名解析服务器记录,如果要将子域名指定某个域名服务器来解析,需要设置 NS 记录
TXT 记录	可任意填写,可为空。一般做一些验证记录时会使用此项,如:做 SPF(反垃圾邮件)记录
AAAA 记录	将主机名(或域名)指向一个 IPv6 地址(例如:ff03:0:0:0:0:0:0:c1),需要添加 AAAA 记录
SRV 记录	添加服务器服务记录时会添加此项,SRV 记录了哪台计算机提供了哪个服务。格式为:服务的名字.协议的类型(例如:_example-server._tcp)
SOA 记录	SOA 叫做起始授权机构记录,NS 用于标识多台域名解析服务器,SOA 记录用于在众多 NS 中记录哪一台是主服务器
PTR 记录	PTR 记录是 A 记录的逆向记录,又称为 IP 反查记录或指针记录,负责将 IP 反向解析为域名

7.3.4　正反向解析配置

实例是理解上述应用配置的最好方式,前面已经搭建了 WWW 和 FTP 服务器,现在就可以应用 named 实现这些应用服务器的解析了。

假设有个域名为 bjnetwork.com,则 WWW 设置解析域名为 www.bjnetwork.com,WWW 服务器的 IP 地址为 192.168.124.130,FTP 服务设置解析域名为 ftp.bjnetwork.com,服务器的 IP 地址为 192.168.124.131。根据这个前提来做 DNS 的应用。

服务器的 IP 地址一般都是静态 IP,设置 DNS 服务器的 IP 地址为 192.168.124.140。

在配置附属文件/etc/named.rfc1912.zones 的最后添加 bjnetwork.com 的关联域名设置文件,正向解析文件如下所示:

```
zone "bjnetwork.com" IN{
    type master;
    file "bjnetwork.com.zone";
};
```

反向解析文件如下所示:

```
zone "124.168.192.in-addr.arpa" IN{
    type master;
    file "124.168.192.in-addr.arpa.zone";
};
```

设置完以后,在/var/named 的文件夹中创建正向解析文件 bjnetwork.com.zone 和反向解析文件 124.168.192.in-addr.arpa.zone,文件内容可以已有的 named.localhost

文件为模板进行模仿设置，另外根据文件的用户和用户组要进行修改，修改为用户 root，用户组为 named。

```
# cd /var/named/
# cp named. localhost bjnetwork. com. zone
# cp named. localhost 124. 168. 192. in-addr. arpa. zone
# chown root;named bjnetwork. com. zone
# chown root;named 124. 168. 192. in-addr. arpa. zone
# vi bjnetwork. com. zone
```

打开文件设置下面的内容，如下：

```
$ TTL 1D
@IN SOA@ . (
                20210327;serial
                1D;refresh
                1H;retry
                1W;expire
                3H );minimum
    NS@
    A192. 168. 124. 140
www A 192. 168. 124. 130
web CNAME www
ftp A 192. 168. 124. 131

# vi 124. 168. 192. in-addr. arpa. zone
```

打开文件设置下面的内容，如下：

```
$ TTL 1D
@IN SOA@ . (
                0;serial
                1D;refresh
                1H;retry
                1W;expire
                3H );minimum
        NS@
        A 192. 168. 124. 140
        PTR   bjnetwork. com
130  PTR  www. bjnetwork. com
131   PTR   ftp. bjnetwork. com
```

设置完成以后，重启 named 服务：

```
# systemctl restart named
```

重启以后没有出错消息说明设置的配置文件没有出错。

7.3.5 解析测试

对于 DNS 服务的解析应用可以使用单机应用，也可以使用同网段的其他系统应用。

在客户端 Linux 系统上，进入/etc/resolv.conf 文件，设置 nameserver 的 IP 地址为 DNS 服务器的 IP 地址：

```
nameserver 192.168.124.140
```

为了不影响本地机做测试的结果，一定要注意在网卡设置的 DNS 选项做一个设置，如果只是想进行单机 DNS 服务的设置，需要把 DNS1 的 IP 地址设置为本地机的 IP 地址，防止使用外网的 DNS 解析。

做 DNS 服务的解析可以使用 dig、nslookup 命令，dig 命令需要在 Linux 上安装 bind-utils 包。

dig 命令的用法：

```
# dig [-t RR_TYPE] name [@SERVER] [query options]
正向解析：
# dig -t A name [@SERVER]
反向解析：
# dig -x IP
```

例如，使用：

```
# dig -t A www.bjnetwork.com @localhost
```

显示信息如下：

```
;;ANSWER SECTION：
www.bjnetwork.com. 86400 IN A 192.168.124.130
;;AUTHORITY SECTION：
bjnetwork.com. 86400 IN NS bjnetwork.com.
;;ADDITIONAL SECTION：
bjnetwork.com. 86400 IN A 192.168.124.140
```

另外，进行 DNS 服务解析测试最好的方式是在同网段的客户操作系统上。

在 IP 地址为 192.168.124.9 的 Windows 系统上，设置网卡属性信息，如图 7-5 所示。

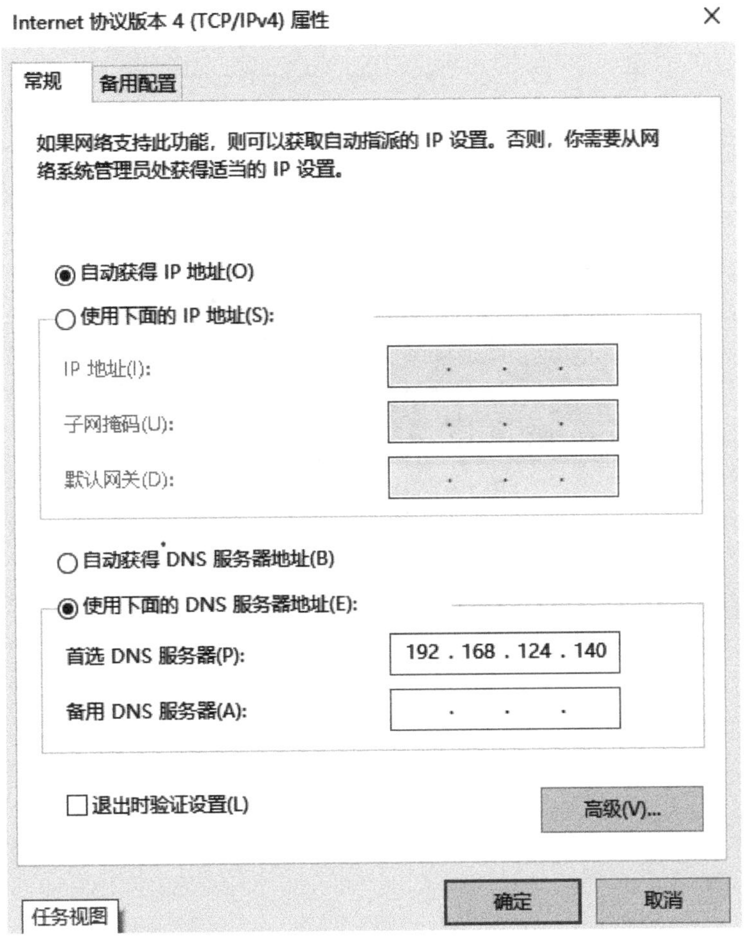

图 7-5 Windows 网卡的 TCP/IP 属性设置

设置 DNS 服务器的地址为前面设置的 named 服务的地址。点击确定应用，在 Windows 系统上访问前面的 WWW 服务器，一定要把 WWW 的服务器的 IP 地址设置为 192.168.124.130，然后打开浏览器，在地址栏内输入 www.bjnetwork.com 和 web.bjnetwork.com，如图 7-6 和图 7-7 所示。

这是把test.html作为主页的测试文件

图 7-6 使用域名访问 WWW

打开 Windows 系统的 MSDOS，可以使用 nslookup 命令进行反向解析，例如使用 nslookup 192.168.124.130，就可以解析出 192.168.124.130 映射的域名信息，如图 7-8 所示。

从上面的操作过程可以看到，DNS 服务器运行正常。

这是把test.html作为主页的测试文件

图 7-7　使用别名 web. bjnetwork. com 访问 WWW

图 7-8　nslookup 反向解析

第8章

DHCP 服务应用

移动终端的应用使人们几乎离不开网络，无线终端不能获得 IP 信息就不能上网，无论是移动运营商的基站提供的外网服务，还是在家庭使用的 WLAN 服务，都是由 DHCP 服务为网络终端提供 IP 信息服务。

8.1 DHCP 概述

DHCP（Dynamic Host Configuration Protocol，动态主机配置协议）通常被应用在大型的局域网络环境中，主要作用是集中的管理、分配 IP 地址，使网络环境中的主机动态地获得 IP 地址、Gateway 地址、DNS 服务器地址等信息，并能够提升地址的使用率。

DHCP 协议采用客户端/服务器模型，主机地址的动态分配任务由网络主机驱动。当 DHCP 服务器接收到来自网络主机申请地址的信息时，才会向网络主机发送相关的地址配置等信息，以实现网络主机地址信息的动态配置。DHCP 具有以下功能。

① 保证任何 IP 地址在同一时刻只能由一台 DHCP 客户机所使用。

② DHCP 应当可以给用户分配永久固定的 IP 地址。

③ DHCP 应当可以用其他方法获得 IP 地址的主机共存（如手工配置 IP 地址的主机）。

④ DHCP 服务器应当向现有的 BOOTP 客户端提供服务。

DHCP 消息的格式是基于 BOOTP（Bootstrap Protocol）消息格式的，这就要求设备具有 BOOTP 中继代理的功能，并能够与 BOOTP 客户端和 DHCP 服务器实现交互。

BOOTP中继代理的功能，使得没有必要在每个物理网络都部署一个DHCP服务器。RFC 951和RFC 1542对BOOTP协议进行了详细描述。

8.2 DHCP工作原理

DHCP协议采用UDP作为传输协议，主机发送请求消息到DHCP服务器的68号端口，DHCP服务器回应应答消息给主机的67号端口。工作原理如图8-1所示。

图8-1 DHCP工作原理

① DHCP Client以广播的方式发出DHCP Discover报文。

② 所有的DHCP Server都能够接收到DHCP Client发送的DHCP Discover报文，所有的DHCP Server都会给出响应，向DHCP Client发送一个DHCP Offer报文。注：DHCP Offer报文含有DHCP Server能够提供给DHCP Client使用的IP地址，且DH-CP Server会将自己的IP地址也放在其中，用于区分不同DHCP Server。

③ DHCP Client只能处理其中的一个DHCP Offer报文，一般的原则是DHCP Client处理最先收到的DHCP Offer报文。

DHCP Client会发出一个广播的DHCP Request报文，在选项字段中会加入选中的DHCP Server的IP地址和需要的IP地址。

④ DHCP Server收到DHCP Request报文后，判断选项字段中的IP地址是否与自己的地址相同。如果不相同，DHCP Server不做任何处理只清除相应IP地址分配记录；如果相同，DHCP Server就会向DHCP Client响应一个DHCP ACK报文，并在选项字段中增加IP地址的使用租期信息。

⑤ DHCP Client接收到DHCP ACK报文后，检查DHCP Server分配的IP地址是否能够使用。如果可以使用，则DHCP Client成功获得IP地址并根据IP地址使用租期自动启动续延过程；如果DHCP Client发现分配的IP地址已经被使用，则DHCP Client向DHCPServer发出DHCP Decline报文，通知DHCP Server禁用这个IP地址，然后DHCP Client开始新的地址申请过程。

⑥ DHCP Client 在成功获取 IP 地址后，随时可以通过发送 DHCP Release 报文释放自己的 IP 地址，DHCP Server 收到 DHCP Release 报文后，会回收相应的 IP 地址并重新分配。

8.3 Dhcpd 的配置应用

8.3.1 Dhcpd 的安装和配置信息

在 CentOS Linux 上安装 Dhcpd 应用，比较方便，在联网状态下使用：

```
# yum install -y dhcpd
```

能够很容易安装 Dhcpd 服务。打开/etc/dhcp/dhcpd.conf，如图 8-2 所示。

```
#
# DHCP Server Configuration file.
#   see /usr/share/doc/dhcp*/dhcpd.conf.example
#   see dhcpd.conf(5) man page
#
```

图 8-2　初始 dhcpd.conf 文件

可以看到需要从提示目录里拷贝文件 dhcpd.conf.example 替换 dhcpd.conf 文件。

```
# cp /usr/share/doc/dhcp-4.2.5/dhcpd.conf.example /etc/dhcp/dhcpd.conf
```

从这个文件中可以看到关于 Dhcpd 的配置有一些重要的配置选项，如表 8-1 所示。

表 8-1　Dhcpd 配置选项

选项	选项意义
default-lease-time 21600	默认超时时间
max-lease-time 43200	最大超时时间
option domain-name-servers 8.8.8.8	定义 DNS 服务器地址，定义多个用逗号分开
option domain-name "domain.org"	定义 DNS 域名，此域名会在客户端的/etc/resolv.conf配置文件中出现
range	定义用于分配的 IP 地址池
option subnet-mask	定义客户端的子网掩码
option routers	定义客户端的网关地址
broadcast-address	定义客户端的广播地址
hardware ethernet	指定网卡接口的类型与 MAC 地址
fixed-address	将某个固定的 IP 地址分配给指定主机
server-name	向 DHCP 客户端通知 DHCP 服务器的主机名

Dhcp 服务器通过配置可以给服务器所在网段的机子提供动态地址分配，还能够通过路由和路由器的中继服务为其他互联网段的主机提供动态地址分配。

8.3.2　基本的 Dhcp 应用

使用虚拟机来完成 Dhcp 的应用，需要事先把虚拟机的网卡的 Dhcp 服务关闭掉，打开 VMware 的虚拟网络编辑器，如图 8-3 所示。

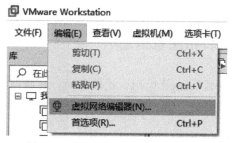

图 8-3　VMware 的虚拟网络编辑器

点击"虚拟网络编辑器"菜单，打开图 8-4 所示界面。

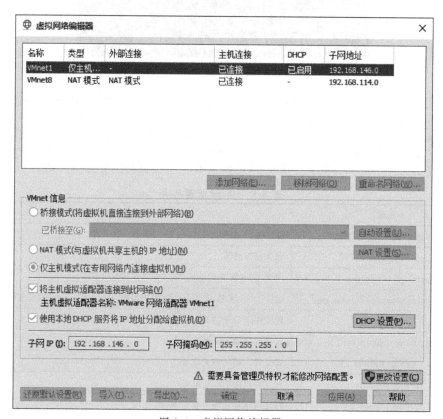

图 8-4　虚拟网络编辑器

点击"更改设置"按钮，打开图 8-5 所示界面。

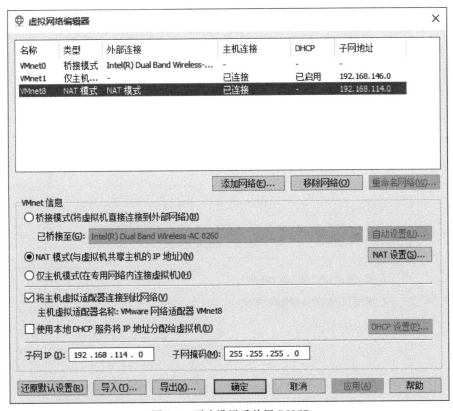

图 8-5　更改设置后关闭 DHCP

把"使用本地 DHCP 服务"前面选项取消，就可以关闭虚拟机提供的 DHCP服务。

启动 CentOS Linux，设置系统的静态 IP 地址为 192.168.134.140，配置/etc/dhcp/dhcpd.conf 文件，添加如下信息：

```
subnet192.168.134.0 netmask 255.255.255.0 {
    range192.168.134.50   192.168.134.100;
    option routers192.168.134.2;
    default-lease-time 600;         //默认租约时间
    max-lease-time 7200;            //最大租约时间
}
```

设置完毕后，启动或者重启 dhcpd 服务

```
# systemctl restart dhcpd
```

使用虚拟机中的 Windows 系统作为 dhcp 客户机，要求与 dhcp 服务器在一个网段内，设置 Windows 系统的网卡信息，如图 8-6 所示。

为了防止虚拟机的 dhcp 对 Windows 系统的影响，打开 msdos，在其中使用命令

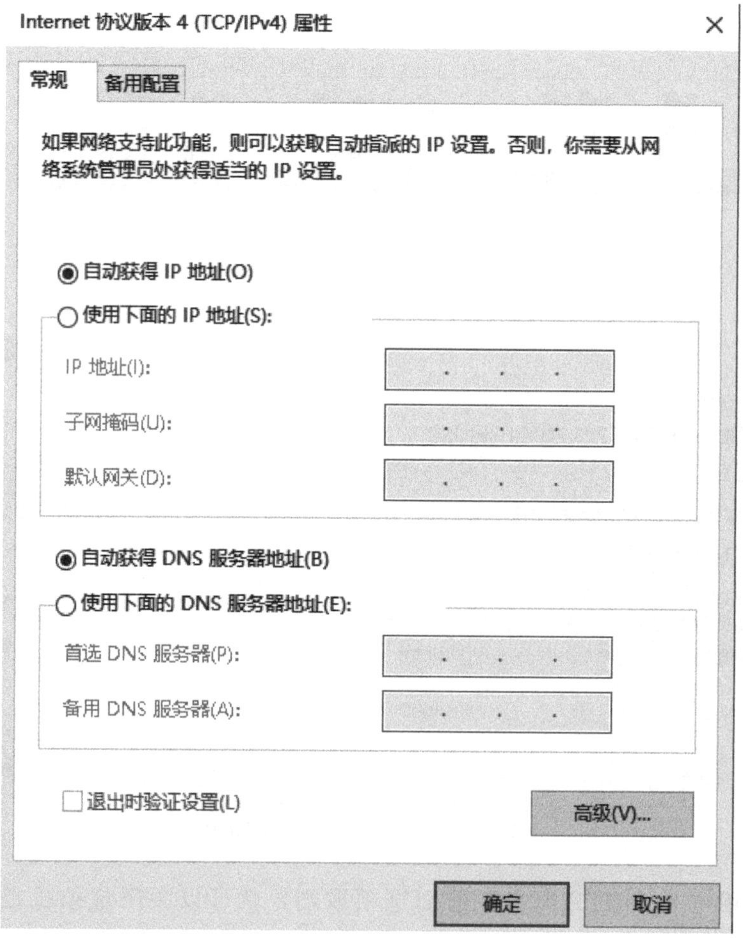

Internet 协议版本 4 (TCP/IPv4) 属性   ✕

常规   备用配置

如果网络支持此功能，则可以获取自动指派的 IP 设置。否则，你需要从网络系统管理员处获得适当的 IP 设置。

◉ 自动获得 IP 地址(O)

◯ 使用下面的 IP 地址(S)：

     IP 地址(I)：

     子网掩码(U)：

     默认网关(D)：

◉ 自动获得 DNS 服务器地址(B)

◯ 使用下面的 DNS 服务器地址(E)：

     首选 DNS 服务器(P)：

     备用 DNS 服务器(A)：

☐ 退出时验证设置(L)   高级(V)...

确定   取消

图 8-6   Windows 系统网卡设置

```
>ipconfig /release
>ipconfig /renew
```

Windows 系统获得的地址信息，如图 8-7 所示。

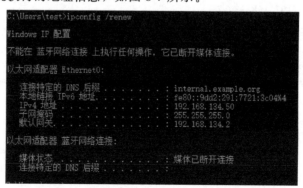

图 8-7   Windows 获得 DHCP 分配的 IP 信息

第9章
Mail 服务应用

　　邮件服务应用从网络诞生开始就是网络应用的主要方式之一。生产环境中，邮件现在被作为来往的证据性材料，为很多企业和个人重视。因此了解邮件服务应用是比较重要的。

9.1　邮件收发原理

　　Internet 电子邮件系统是基于客户机/服务器方式。客户端也叫用户代理（User Agent），提供用户界面，负责邮件发送的准备工作，如邮件的起草、编辑以及向服务器发送邮件或从服务器取邮件等。服务器端也叫传输代理（Message Transfer Agent），负责邮件的传输，它采用端到端的传输方式，源端主机参与邮件传输的全过程。

　　邮件工作原理如图 9-1 所示。

　　邮件的发送和接收过程主要分为 3 步。

　　① 当用户需要发送电子邮件时，首先利用客户端的电子邮件应用程序按规定格式起草、编辑一封邮件，指明收件人的电子邮件地址，然后利用 SMTP 将邮件送往发送端的邮件服务器。

　　② 发送端的邮件服务器接收到用户送来的邮件后，接收件人地址中的邮件服务器主机名，通过 SMTP 将邮件送到接收端的邮件服务器，接收端的邮件服务器根据收件人地址中的账号将邮件投递到对应的邮箱中。

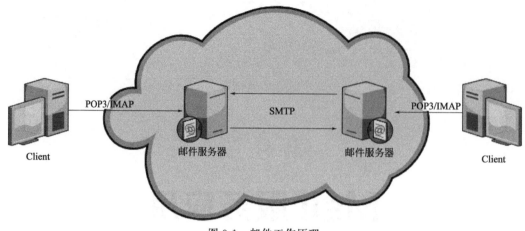

图 9-1　邮件工作原理

③ 利用 POP3 协议或 IMAP，接收端的用户可以在任何时间、地址利用电子邮件应用程序从自己的邮箱中读取邮件，并对自己的邮件进行管理。

9.2　电子邮件协议

常用的电子邮件协议有 SMTP、POP3、IMAP4，它们都隶属于 TCP/IP 协议簇，默认状态下，分别通过 TCP 端口 25、110 和 143 建立连接。

9.2.1　SMTP 协议

SMTP 的全称是"Simple Mail Transfer Protocol"，即简单邮件传输协议。它是一组用于从源地址到目的地址传输邮件的规范，通过它来控制邮件的中转方式。SMTP协议属于 TCP/IP 协议簇，它帮助每台计算机在发送或中转信件时找到下一个目的地。SMTP 服务器就是遵循 SMTP 协议的发送邮件服务器。SMTP 认证，简单地说就是要求必须在提供了账户名和密码之后才可以登录 SMTP 服务器，这就使得那些垃圾邮件的散播者无可乘之机。增加 SMTP 认证的目的是为了使用户避免受到垃圾邮件的侵扰。SMTP 已是事实上的 E-Mail 传输的标准。

9.2.2　POP 协议

POP 邮局协议负责从邮件服务器中检索电子邮件。它要求邮件服务器完成下面几种任务之一：从邮件服务器中检索邮件并从服务器中删除这个邮件；从邮件服务器中检索邮件但不删除它；不检索邮件，只是询问是否有新邮件到达。POP 协议支持多用户互联网邮件扩展，后者允许用户在电子邮件上附带二进制文件，如文字处理文件和电子表格文件等，实际上这样就可以传输任何格式的文件了，包括图片和声音文件等。在用户阅读邮件时，POP 命令所有的邮件信息立即下载到用户的计算机上，不在服务器上保留。POP3（Post Office Protocol 3）即邮局协议的第 3 个版本，是因特网电子邮件的第一个离线协议标准。

9.2.3　IMAP 协议

互联网信息访问协议（IMAP）是一种优于 POP 的新协议。和 POP 一样，IMAP 也能下载邮件、从服务器中删除邮件或询问是否有新邮件，但 IMAP 克服了 POP 的一些缺点。例如，它可以决定客户机请求邮件服务器提交所收到邮件的方式，请求邮件服务器只下载所选中的邮件而不是全部邮件。客户机可先阅读邮件信息的标题和发送者的名字再决定是否下载这个邮件。通过用户的客户机电子邮件程序，IMAP 可让用户在服务器上创建并管理邮件文件夹或邮箱、删除邮件、查询某封信的一部分或全部内容，完成所有这些工作时都不需要把邮件从服务器下载到用户的个人计算机上。支持 IMAP 的常用邮件客户端有 ThunderMail、Foxmail、Microsoft Outlook 等。

9.3　邮件服务组件

9.3.1　Postfix 发邮件服务

Postfix 是 Wietse Venema 在 IBM 的 GPL 协议之下开发的 MTA（邮件传输代理）软件。Postfix 是 Wietse Venema 想要为使用最广泛的 sendmail 提供替代品的一个尝试。在 Internet 世界中，大部分的电子邮件都是通过 sendmail 来投递的，大约有 100 万用户使用 sendmail，每天投递上亿封邮件。Postfix 试图更快、更容易管理、更安全，同时还与 sendmail 保持足够的兼容性。

9.3.2　Dovecot 收邮件服务

Dovecot 是一个开源的 IMAP 和 POP3 邮件服务器，支持 Linux/Unix 系统。POP/IMAP 是 MUA 从邮件服务器中读取邮件时使用的协议。其中，POP3 协议是从邮件服务器中下载邮件存起来，IMAP4 则是将邮件留在服务器端直接对邮件进行管理、操作。Dovecot 是一个比较新的软件，由 Timo Sirainen 开发，最初发布于 2002 年 7 月。作者将安全性考虑在第一，所以 Dovecot 在安全性方面比较出众。另外，Dovecot 支持多种认证方式，所以在功能方面也比较符合一般的应用。

9.3.3 Foxmail 邮件客户端

Foxmail 邮件客户端软件，是中国著名的软件产品之一，Foxmail 通过和 U 盘的授权捆绑形成了安全邮、随身邮等一系列产品。

Foxmail 是一款优秀的国产电子邮件客户端软件，于 2005 年被腾讯收购。新的 Foxmail 具备强大的反垃圾邮件功能。它使用多种技术对邮件进行判别，能够准确识别垃圾邮件与非垃圾邮件。

9.4 Mail 服务应用

使用 CentOS Linux 架设邮件服务器相对来说比较容易，7.0 版本以后，不管什么版本的 CentOS Linux 都在安装时预装了 postfix 邮件服务，其他需要进行安装配置，涉及 DNS 服务应用和 dovecot 接收邮件服务应用。

9.4.1 邮件服务器基本环境

作为服务器必须有个静态的 IP 地址，如 192.168.64.150，根据前面所学进行服务器的 IP 地址设置。

设置主机的名字，进入 /etc/hostname 文件，修改主机名为 mail.test.com：

```
# vi /etc/hostname
```

为了测试方便关闭防火墙和 SeLinux。

在邮件服务器上安装 DNS 服务，或者使用一个服务器作为 DNS 服务器。为了方便，本机安装支持 DNS 的 bind 应用。

安装完 bind 后对 /etc/named.conf 文件进行设置，如下

```
# vi /etc/named.conf
listen-on port 53 { any;};
allow-query { any;};
```

然后对 DNS 服务附属配置文件 named.rfc1912.zones 进行设置，建立邮件服务的正向和反向解析，如下所示

```
# vi /etc/named.rfc1912.zones
zone "test.com" IN {
  type master;
```

```
    file "test. com. zone";
  };
zone "64. 168. 192. in-addr. arpa" {
    type master;
    file "64. 168. 192. in-addr. arpa ";
  };
```

在/var/named 的目录下，新建两个文件 test. com. zone 和 64. 168. 192. in-addr. arpa，对于文件的属主权限要注意，为了方便直接使用 cp -p 命令来拷贝。

```
# cd /var/named/
# cp -p named. localhost test. com. zone
# cp -p named. localhost 64. 168. 192. in-addr. arpa
```

编辑 test. com. zone 文件，如图 9-2 所示。

```
[root@mail named]# cat test.com.zone
$TTL 1D
@       IN SOA  @ rname.invalid. (
                                        0       ; serial
                                        1D      ; refresh
                                        1H      ; retry
                                        1W      ; expire
                                        3H )    ; minimum
        NS      @
        A       192.168.64.150
        AAAA    ::1
        MX 10   mail.test.com
mail    A       192.168.64.150
```

图 9-2   test. com 文件配置

编辑 64. 168. 192. in-addr. arpa 文件，如图 9-3 所示。

```
[root@mail named]# cat 64.168.192.in-addr.arpa.zone
$TTL 1D
@       IN SOA  @ rname.invalid. (
                                        0       ; serial
                                        1D      ; refresh
                                        1H      ; retry
                                        1W      ; expire
                                        3H )    ; minimum
        NS      @
        A       192.168.64.150
        AAAA    ::1
        MX 10   mail.test.com
150     PTR     mail.test.com
```

图 9-3   反向解析文件 64. 168. 192. in-addr. arpa 配置

设置完成后，启动 named 服务，安装 bind-utils 工具，使用 nslookup 工具进行测试。测试前，先对/etc/resolv. conf 文件进行设置：

```
Nameserver 192. 168. 64. 150
```

设置完成以后，使用 nslookup mail. test. com 解析，显示如图 9-4 则证明 DNS 服务正确了。

```
[root@mail named]# nslookup mail.test.com
Server:          192.168.64.150
Address:         192.168.64.150#53

Name:    mail.test.com
Address: 192.168.64.150
```

图 9-4　解析邮件服务器

9.4.2　发送邮件服务配置

做好环境的基本配置后，就需要对 postfix 服务器进行发送邮件配置：

```
# rpm -qa | grep postfix
```

可以看到已经预装了 postfix，这是在安装 CentOS 时直接安装的。

进入 postfix 的配置文件 main. cf 进行如下配置。

```
# vi /etc/postfix/main. cf
myhostname=mail. test. com                      //本机主机名
mydomain=test. com                              //服务器域名
myorigin= $ mydomain                            //初始域名
inet_interfaces=192.168.64.150,127.0.0.1        //监听接口
inet_protocols=ipv4                //监听网络版本,可以不改
mydestination= $ myhostname, $ mydomain   //目标域
home_mailbox=Maildir/            //邮件目录,在用户家目录下
```

配置完成后，检查配置文件是否有语法错误，如果没有就重启 postfix 服务器，使用命令如下：

```
# postfix check
# systemctl start postfix
```

9.4.3　发送邮件测试

设置 postfix 完成后，可以进行发送邮件的简单测试。完成下面示例命令的应用：

```
# groupadd mailusers          //添加邮件账号组
# useradd -g mailusers -s /sbin/nologin jack//创建不可登录系统账户 jack 并加入邮件账号
组中
# passwd jack //设置 jack 的密码,如 00000000
# useradd -g mailusers -s /sbin/nologin tom   //与 jack 相同
# passwd tom                    //添加 jack、tom 邮件服务测试账号
```

```
# yum install -y telnet        //安装远程登录插件,用于登录 25 端口测试
# telnet mail.test.com 25      //远程登录 25 端口,如报错连接不上,重启 postfix
```

正常连接 mail.test.com 的 SMTP 的 25 号端口,显示如图 9-5 所示。

```
[root@mail named]# telnet mail.test.com 25
Trying 192.168.64.150...
Connected to mail.test.com.
Escape character is '^]'.
220 mail.test.com ESMTP Postfix
```

图 9-5　进入 SMTP 测试

在进入的界面中输入如下命令测试:

```
helo mail.test.com              //helo 命令声明前面设置的主机名
mail from:jack@test.com         //声明发件人地址,jack 的
rcpt to:tom@test.com            //声明收件人地址,tom 的
data                            //写正文命令
i am jack!!
.                               //输入邮件内容,以.结尾
quit                            //输入 quit 退出
```

完成以后,以 root 身份登录浏览邮件信息,可以显示邮件信息,如图 9-6 所示。

```
#ls /home/tom/Maildir/new/
/home/tom/Maildir/new/1616907449.Vfd00l33de4M51920.mail.test.com
# cat /home/tom/Maildir/new/1616907449.Vfd00l33de4M51920.mail.test.com
```

```
[root@mail named]# ls /home/tom/Maildir/new/1616907449.Vfd00I33de4M51920.mail.test.com
/home/tom/Maildir/new/1616907449.Vfd00I33de4M51920.mail.test.com
[root@mail named]# cat /home/tom/Maildir/new/1616907449.Vfd00I33de4M51920.mail.test.com
Return-Path: <jav@test.com>
X-Original-To: tom@test.com
Delivered-To: tom@test.com
Received: from mail.test.com (unknown [192.168.64.150])
        by mail.test.com (Postfix) with SMTP id 8AC9A2008DD4;
        Sun, 28 Mar 2021 12:55:10 +0800 (CST)
Message-Id: <20210328045554.8AC9A2008DD4@mail.test.com>
Date: Sun, 28 Mar 2021 12:55:10 +0800 (CST)
From: jav@test.com

i am jack!!
[root@mail named]#
```

图 9-6　简单邮件测试

9.4.4　收邮件 dovecot 配置

邮件服务里接收邮件使用 POP3 或者 IMAP 协议,这就需要安装支撑这两个协议的 dovecot 组件。

```
# rpm -qa | grep dovecot      //查看 dovecot 是否安装
# yum install -y  dovecot
```

安装完成后编辑/etc/dovecot/dovecot. conf 文件，如下：

```
protocols＝imappop3 lmtp
listen＝ *
```

在配置文件的后面有！include conf. d/ * . conf，需要对 10-auth. conf、10-mail. conf、10-master. conf 和 10-ssl. conf 这四个文件进行设置。在这些文件的命令模式下使用：set nu 就可以显示配置文件的行号，根据下面的提示进行设置。

（1）编辑文件 10-auth. conf

```
# vim /etc/dovecot/conf. d/10-auth. conf
```

更改内容：

♯ 9 行：取消注释并修改 disable _ plaintext _ auth＝no

♯ 97 行：添加 auth _ mechanisms＝plain

（2）编辑文件 10-mail. conf

```
# vim /etc/dovecot/conf. d/10-mail. conf
```

更改内容（设置邮件存放地址，～代表用户的根目录，每个用户都会存在一个此目录）：

♯ 30 行：取消注释并添加 mail _ location＝maildir：～/Maildir

（3）编辑文件 10-master. conf

```
# vim /etc/dovecot/conf. d/10-master. conf
```

更改内容：

♯ 97～♯ 99 行：取消注释并添加 ♯ Postfix smtp 验证

```
# Postfix smtp
unix_listener /var/spool/postfix/private/auth {
     mode＝0666
     user＝postfix
     group＝postfix
}
```

注意：如果没有使用 ssl 则需要进行下面的操作。使用了则不需要。

（4）编辑文件 10-ssl. conf

```
# vim /etc/dovecot/conf. d/10-ssl. conf
```

更改内容：

♯ 8 行：将 ssl 的值修改为 ssl＝no

上面的 4 个文件全部配置完成后，启动 dovecot 并添加到开机自启。

```
# systemctl restart dovecot
# systemctl enable dovecot
```

使用 netstat 命令测试 dovecot 是否正常启动，如图 9-7 所示启动成功。

```
# netstat -anpt | grep dovecot
```

```
[root@mail named]# netstat -anpt | grep dovecot
tcp        0      0 0.0.0.0:110            0.0.0.0:*              LISTEN      1392/dovecot
tcp        0      0 0.0.0.0:143            0.0.0.0:*              LISTEN      1392/dovecot
tcp6       0      0 :::110                 :::*                   LISTEN      1392/dovecot
tcp6       0      0 :::143                 :::*                   LISTEN      1392/dovecot
```

图 9-7   监测 dovecot 的 110 和 143 端口

与前面 postfix 的简单测试一样，也是对前面的发送邮件的回应，进行简单测试。

```
# telnet mail. test. com 110
```

测试结果如图 9-8 所示，其中 tom 和密码 0000000 都是前面 postfix 测试时设置的。

```
[root@mail named]# telnet mail.test.com 110
Trying 192.168.64.150...
Connected to mail.test.com.
Escape character is '^]'.
+OK Dovecot ready.
user tom
+OK
pass 00000000
+OK Logged in.
list
+OK 3 messages:
1 397
```

图 9-8   接收邮件测试

接收到的邮件显示如图 9-9 所示。

```
.
retr 1
+OK 397 octets
Return-Path: <jack@test.com>
X-Original-To: tom@test.com
Delivered-To: tom@test.com
Received: from mail.test.com (unknown [192.168.64.150])
        by mail.test.com (Postfix) with SMTP id D709B2008DC0
        for <tom@test.com>; Sun, 28 Mar 2021 01:40:52 +0800 (CST)
Message-Id: <20210327174102.D709B2008DC0@mail.test.com>
Date: Sun, 28 Mar 2021 01:40:52 +0800 (CST)
From: jack@test.com

i am jack!!
.
```

图 9-9   接收到的邮件

9.4.5 邮件客户端收发测试

使用邮件客户端进行测试是比较直观的，可以在测试客户端 Windows 系统中下载和安装 Foxmail 软件。把 Windows 系统的网络参数的 DNS 设置为前面创建的 DNS 服务器的地址 192.168.64.150。

点击桌面的 Foxmail 快捷方式开启，运行如图 9-10 所示。

图 9-10　Foxmail 的启动

使用"其他邮箱"设置，如图 9-11 所示。

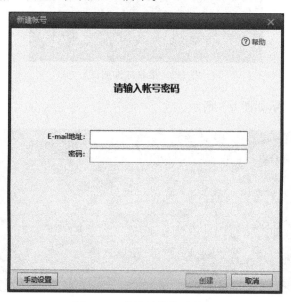

图 9-11　其他邮箱设置界面

点击"手动设置",打开图 9-12 所示界面,输入前面设置的用户 jack,密码 00000000,邮件服务器 SMTP 和 POP3 都设置为 mail.test.com。

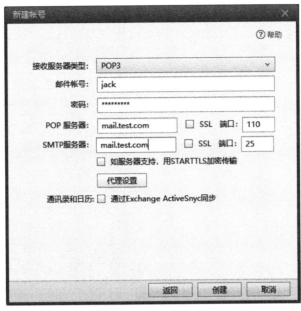

图 9-12 手动设置

点击创建进行验证,成功后如图 9-13 所示。

图 9-13 邮件用户客户端连接成功

点击"完成",就打开图 9-14 所示界面。

在客户端主界面可以进行多账户的管理,点击右侧上方的菜单按钮,打开图 9-15 所示界面。

图 9-14　邮件客户端主界面

图 9-15　多账号管理

点击"账号管理"，打开图 9-16 所示界面。

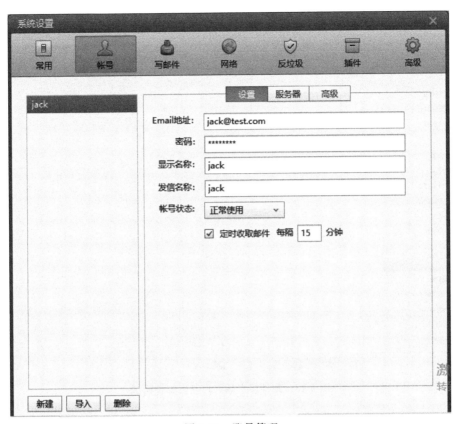

图 9-16　账号管理

点击左下角的"新建"，就可以打开前面从创建 jack 账户一样的向导窗口，这样就可以创建 tom 用户的邮件客户端应用。如图 9-17 所示。

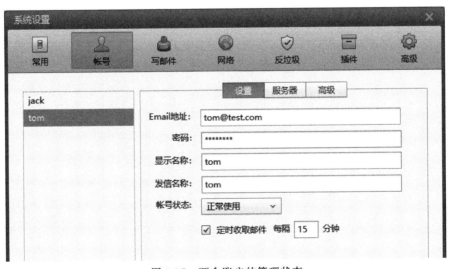

图 9-17　两个账户的管理状态

在邮件客户端主界面就可以使用 jack 和 tom 两个账户互发邮件了。如图 9-18

所示。

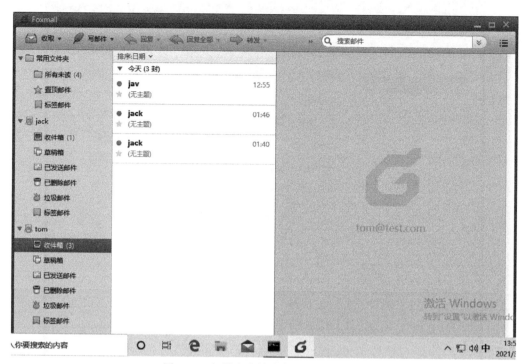

图 9-18　邮件客户端账户互发邮件测试

第 10 章

网络路由基础及应用

网络服务器为用户提供各种共享资源，人们在使用时很少关注这些网络资源的位置。在实际工作环境中，网络数据包实际上是通过网络底层设备运行支持的，这种应用就是路由技术。

10.1　路由概念

网络路由应用是与网络系统结构的网络层的功能紧密关联的。

日常生活中，大家出游要去某个地方，都会使用地图进行路径查询，现在的百度地图 App 和高德地图 App 都会给大家提供使用各种交通工具到达目的地的智能提示信息。网络应用中的数据包也需要采用这种方式，即寻路也叫路径查找，另外还需要中间的各种网络设备提供数据交付功能，即数据转发，才能从一个源端到达目的端。

"寻路"和"数据转发"就是网络层提供的基本功能，也是 IP（Internet Protocols）协议的核心功能。

10.2　IP 协议

IP 是 Internet Protocol（网际互连协议）的缩写，是 TCP/IP 体系中的网络层协议。设计 IP 的目的是提高网络的可扩展性：一是解决互联网问题，实现大规模、异构网络的互联互通；二是分割顶层网络应用和底层网络技术之间的耦合关系，以利于两者的独立发展。根据端到端的设计原则，IP 只为主机提供一种无连接、不可靠的、尽力而为的数据包传输服务。

IP 是整个 TCP/IP 协议族的核心，也是构成互联网的基础。IP 位于 TCP/IP 模型的网络层（相当于 OSI 模型的网络层），它可以向传输层提供各种协议的信息，例如 TCP、UDP 等；对下可将 IP 信息包放到链路层，通过以太网、令牌环网络等各种技术来传送。

为了能适应异构网络，IP 强调适应性、简洁性和可操作性，并在可靠性做了一定的牺牲。IP 不保证分组的交付时限和可靠性，所传送分组有可能出现丢失、重复、延迟或乱序等问题。

IP 主要包含三方面内容：IP 编址方案、分组封装格式及分组转发规则。

10.2.1　IP 编址

IP 协议对于 IP 地址有明确的规定，现在应用的有两个版本的 IP 地址，IPv4 和 IPv6。IPv6 是由 IPv4 地址枯竭提出来的 IP 替代方案，IPv4 地址使用 32 位二进制表示，IPv6 使用 128 位二进制表示。在 IPv4 使用子网划分和动态端口 NAT 后，地址枯竭的问题有所改善，在现实 IPv4 的应用中，还会涉及 RFC1918 指出的私有地址与共有地址的区别。下面说的 IP 地址以 IPv4 为基础。

表示 IP 地址的 32 位二进制信息采用网络位加主机位的方式进行 IP 定义，如图 10-1IP 构成所示。现实 IP 地址采用点分十进制的方式，每 8 位二进制一分隔，4 个 8 位二进制转换成十进制数值，例如：192.168.124.1。

网络位	主机位
32bit	

图 10-1　IP 构成

根据网络的发展，早期 IP 地址都是按照有类别的定位进行划分，如表 10-1 所示为有类地址划分。

表 10-1　有类地址划分

类别	网络位数	点分十进制高位地址范围	二进制位高位设置	备注
A	8	1～126	0	去除 0 和 127
B	16	128～191	10	
C	24	192～223	110	
D		224～239	1110	组播应用
E		240～254	11110	未分配使用

A 类地址的 0.0.0.0 是一个很特殊的地址，在网络寻址应用中，作为任意网络应用，也就是在做默认路由时使用。

127.0.0.0/8 这个网络的地址，都作为网络操作系统的 TCP/IP 协议是否安装的标志，可以用 ping 命令进行回环测试。在地址应用的"/"是网络前缀应用，后面的数字代表这个网络有多少个网络位。

基于有类公有 IP 地址的划分，使得很多使用 A 类或者 B 类地址的网络浪费了大量可用 IP 地址，造成 IP 地址出现枯竭现象。

网络技术的发展使得无类网络和 NAT 的应用，才使得 IP 地址的应用被充分利用。

无类地址应用是在有类地址的基础上进行子网划分，就是利用主机位弥补网络位实现地址的充分使用。

在网络系统进行 IP 地址的设置是最直观的上网准备。如图 10-2 所示。

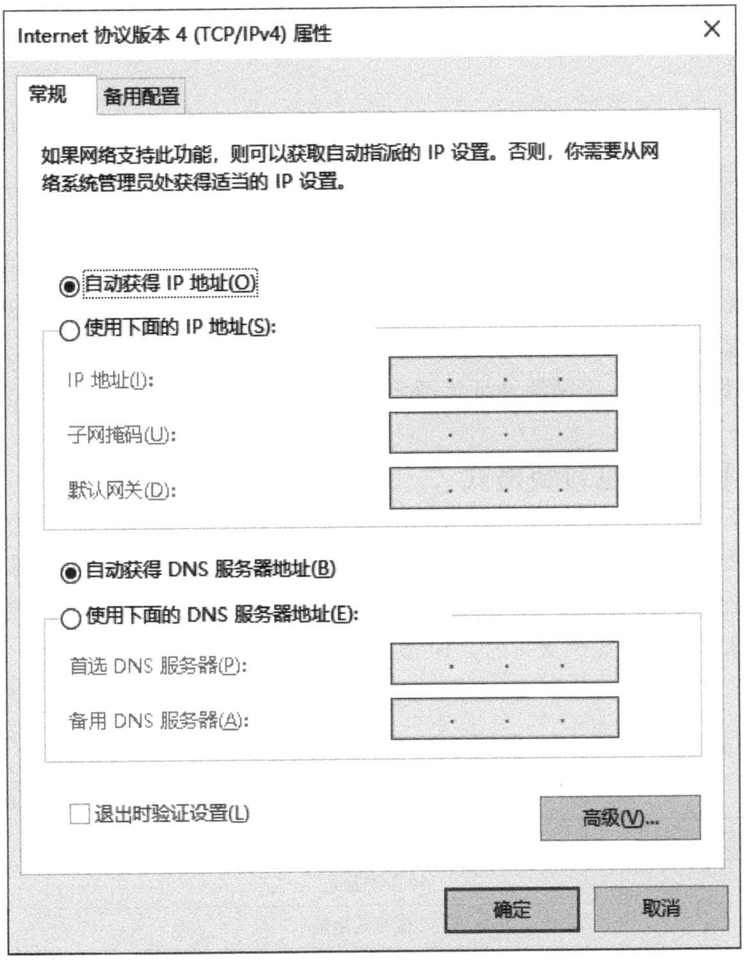

图 10-2　Windows IP 地址属性

IP 地址的设置中 IP 地址、子网掩码、默认网关是路由应用里最基础的几个概念。前面都在说 IP 地址，那么子网掩码和默认网关是什么呢？

子网掩码是区分 IP 地址的网络位数和主机位数最直观的概念，如图 10-1 所示。子网掩码也像 IP 地址一样由 32bit 的二进制信息组成，有多少位网络位，就把这些位设置值为"1"，有多少位主机位就设置值为"0"，这样就得到了一个 32bit 的前面都是连续的 1，而后面都是连续的 0 的一个数，这个数按照 IP 地址的点分十进制的方式进行分隔和十进制数值的转化，就可以得到形如"255.255.255.0"这样的类似 IP 地址的数据，这样的数据称为该 IP 地址的子网掩码，这在网络的路由中直观反映当前 IP 地址的网络地址的附加参数。

一个 IP 地址都要给出子网掩码的信息，否则就不能区分 IP 地址所属网络地址，网络地址根据 32bit 的 IP 地址和子网掩码进行二进制的"按位"逻辑与操作，就可以得到一个 32bit 的主机位为全零的 IP 地址，这个 IP 地址点分十进制转换后就是 IP 地址所在网络的网络地址，基于这个网络地址，把后面的主机位全部设置为"1"，得到的 IP 地址就是该网络的广播地址。

从上述的一个计算可以得到 IP 地址、IP 地址所在网络地址和 IP 地址所在网络的广播地址这三个 IP 地址概念，而且可以看到这 3 个地址都是与附带的子网掩码紧密相关的。

可变长子网掩码的概念就是在上面的子网掩码的基础上进行的 IP 地址的子网划分。

在 IP 属性设置里还有一个默认网关的概念，这个就是一个真正的路由概念。网关指的是 IP 地址所属网络的所有主机去往其他网络的"大门"，这个大门就是一个 IP 地址，这个 IP 地址指代当前网络中一个路由设备，能够把 IP 地址所属网络中的数据包转发出去。这就是 IP 协议中的数据转发的核心。这个网关就是网络应用中的网络层的相关设备，特指路由设备，可以是路由器，也可以是具备路由功能的交换机。而且这个网关一定要与 IP 地址在一个网络地址范围之内。

10.2.2　IP 数据包封装格式

在计算机网络的基本原理中，介绍过数据包的封装，特别强调基于网络体系结构，每一层都有自己的协议数据包，都是为上层来的数据提供封装服务。IP 数据包就是网络层为数据寻址和转发提供支持的，IP 数据包的格式如下：

0　　　4	8	16　　20	24　　　32
版本	首部长度	服务类型	数据包总长
重组标识		标志	段偏移量
生存时间 TTL	协议代码	头校验和	
32 位源地址			
32 位目的地址			
可选选项			
用户数据			

IP 数据包中的版本信息就是 IP 协议的版本，通常用的都是 IPv4，使用 4 位二进制信息反馈；生存时间 TTL 是 IP 协议设计里一个比较典型的设计，有防止路由环路的作用，另外数据包中的源地址和目的地址就是 IP 数据包的寻址功能的体现。

10.2.3 IP 分组转发规则

在 IP 分组数据包转发应用中，作为网关设备的路由器起到直观重要的作用。路由器仅根据网络地址进行转发。当 IP 数据包经由路由器转发时，如果目标网络与本地路由器直接相连，则直接将数据包交付给目标主机，这称为直接交付；否则，路由器通过路由表查找路由信息，并将数据包转交给指明的下一跳路由器，这称为间接交付。路由器在间接交付中，若路由表中有到达目标网络的路由，则把数据包传送给路由表指明的下一跳路由器；如果没有路由，但路由表中有一个默认路由，则把数据包传送给指明的默认路由器；如果两者都没有，则丢弃数据包并报告错误。

10.3 路由设备

路由设备在网络应用中担负实现不同网络互联的任务。生产环境中比较多的路由设备就是路由器（路由模块）和三层交换机。

10.3.1 路由器

路由器是连接两个或多个网络的硬件设备，在网络间起网关的作用，是读取每一个数据包中的地址然后决定如何传送的专用智能性的网络设备。

路由器又可以称之为网关设备。路由器在 OSI/RM 中完成网络层中继以及第三层中继任务，对不同的网络之间的数据包进行存储、分组转发处理，其主要就是在不同的逻辑分开网络。而数据在一个子网中传输到另一个子网中，可以通过路由器的路由功能进行处理。在网络通信中，路由器具有判断网络地址以及选择 IP 路径的作用，可以在多个网络环境中，构建灵活的链接系统，通过不同的数据分组以及介质访问方式对各个子网进行链接。路由器在操作中仅接受源站或者其他相关路由器传递的信息，是一种基于网络层的互联设备。

路由器是互联网的主要结点设备。路由器通过路由决定数据的转发。转发策略称为路由选择（routing），这也是路由器名称的由来。作为不同网络之间互相连接的枢纽，路由器系统构成了基于 TCP/IP 的国际互联网络 Internet 的主体脉络，也可以说，路由器构成了 Internet 的骨架。它的处理速度是网络通信的主要瓶颈之一，它的可靠性则直接影响着网络互联的质量。因此，在园区网、地区网乃至整个 Internet 研究领域中，路由器技术始终处于核心地位，其发展历程和方向，成为整个 Internet 研究的一个缩影。在当前我国网络基础建设和信息建设方兴未艾之际，探讨路由器在互联网络中的作用、地位及其发展方向，对于国内的网络技术研究、网络建设，以及明确网络市场上对于路由器和网络互联的各种似是而非的概念，都有重要的意义。

10.3.2　三层交换机

三层交换机就是具有部分路由器功能的交换机，工作在 OSI 网络标准模型的第三层：网络层。三层交换机的最重要目的是加快大型局域网内部的数据交换，所具有的路由功能也是为此目的服务的，能够做到一次路由，多次转发。

对于数据包转发等规律性的过程由硬件高速实现，而像路由信息更新、路由表维护、路由计算、路由确定等功能，由软件实现。

局域网络内，三层交换机依循了如下的运转机理：变更了路由软件依循的旧式指令，增添了 ASIC 特有的嵌入芯片并以此来设定指令。借助于硬件来查验现存的路由表，拥有刷新的特性。在数据传递的流程中，端口芯片接纳并辨识了某一信息，二层芯片辨析了对应的独特地址。若查验获取了明确的地址，则再次予以转发；若未没能查找到，则信息被调配至后续的引擎。

10.4　静态路由

生产环境中的网络数据传输都是根据路由信息发送，路由应用根据拓扑的复杂程度可以进行设置，通常都是由网络中间节点的路由设备来完成，这些设备由软件来创建路由信息，设备根据数据包与路由信息的匹配来实现数据寻址和转发。

路由应用有静态路由和动态路由之分，在简单的网络应用中，通常使用静态路由。

静态路由是适合网络拓扑简单的网络应用。静态路由信息是由网络管理员根据拓扑情况在路由设备上手工设置的，不能自适应网络拓扑的变化。

静态路由的配置形式为：

> 静态路由命令　目的网络地址　目的网络的掩码　转发路由器的 IP 或者转发接口

在不同品牌的网络设备上，配置命令有不同，但是基本应用过程是一样的。

在静态路由应用中，有一种特殊的静态路由应用，称为默认路由。数据包不知道要去往什么目的网络，就可以使用默认路由，在很多家庭无线局域网的应用中，小型的路由交换机就有这样的默认设置。

10.5　路由模拟器

路由设备在生产环境中是不能让用户来做各种验证性实验的，那网络实验室中的设备应该可以吧，但是网络设备都只有一个 console 控制台接口，一般只能由一个用户登录进行管理和配置，那怎么才能实现由学习过程达到一个人管理多台网络设备呢，那就使用路由模拟器。

10.5.1 华为 eNSP

eNSP（Enterprise Network Simulation Platform）是一款由华为提供的免费的、可扩展的、图形化操作的网络仿真工具平台，主要对企业网络路由器、交换机进行软件仿真，完美呈现真实设备实景，支持大型网络模拟，让广大用户有机会在没有真实设备的情况下能够模拟演练，学习网络技术。但是很遗憾，华为官网不再提供 eNSP 的下载。

对于网络工程的学习者来说，还是可以从网络上下载旧版的资源进行路由交换的学习和实践，特别是对于华为的相关认证，用 eNSP 来模拟网络拓扑进行练习是非常好的方法。

10.5.2 H3C Simware 和 LITO

Simware 是运行在 Windows 操作系统上的平台模拟软件，可以在单机和多机分布式环境下模拟多台运行 Simware 的设备并实现相互间的组网互联，同时实现统一管理。Simware 的体系结构与产品是一致的，通过 VOS 屏蔽了操作系统的差异。支持以太网接口（二、三层），串口，ATM，CPOS，E1 等几乎所有接口的驱动模拟。其中，以太网接口支持和 PC 真实物理网卡的通信，通过 Simware 的以太网接口可以实现 Simware 和其他设备的以太网接口的互联，因此 Simware 可以和真实设备互联组网。其他的接口都是通过 UDP 模拟点对点连接的链路，这些接口只能用于 Simware 之间的连接，不能和真实设备间互通。Simware 模拟了二层交换芯片的基本功能，可以实现二层以太网接口间的二层转发，支持 MAC 地址的学习，支持各种二层协议和端口状态的交互，支持与 PC 以太网卡绑定的二层以太网接口和用 Socket 模拟的以太网接口间的二层转发等。Simware 的配置串口的模拟支持三种方式：通过真实 PC 机串口的访问，支持 telnet 方式的访问，支持应用程序的 DOS 命令窗口的访问。Simware 支持分布式模型，支持备板出接口，支持主备倒换。主控板和接口板可以分别运行在不同的 PC 机上。Simware 支持设备内存大小的定制，支持 Flash 设备的模拟等。

Simware 的集成应用是另外一种比较好的选择，国内就有软件作者给 Simware 做了 GUI 界面，这就是 LITO。学习者可以从网络上下载这个软件，直接在 Windows 系统安装，然后就可以使用了。

这两个模拟器的路由版本都是 H3C 路由系统的 V5 版本，在 H3C 发布了 V7 版本以后，H3C 推出了自己的模拟器。不过对于学习者来说，除了功能上有了发展以外，基本命令集模式还是一样的。

10.5.3　Dynamips 和 GNS3

Dynamips 是一个基于虚拟化技术的模拟器（emulator），用于模拟思科（Cisco）的路由器，其作者是法国 UTC 大学的 Christophe Fillot。Dynamips 的原始名称为 Cisco 7200 Simulator，源于 Christophe Fillot 在 2005 年 8 月开始的一个项目，其目的是在传统的 PC 机上模拟（emulate）Cisco 的 7200 路由器。发展到现在，该模拟器已经能够支持 Cisco 的 3600 系列（包括 3620，3640，3660）、3700 系列（包括 3725，3745）和 2600 系列（包括 2610 到 2650XM，2691）路由器平台。

这个软件发展到目前为止一直是 Cisco 系列路由和交换认证的非常重要的模拟器，最知名的莫过于 GNS3 这款软件了，通过 GUI 界面实现 Dynamips。因为要加载 Cisco 的 IOS，所以这个模拟器是真正的设备虚拟化，使用的功能与真实设备完全类似。

10.5.4　Packet Tracer

Packet Tracer 是由 Cisco 公司发布的一个辅助学习工具，为学习思科网络课程的初学者去设计、配置、排除网络故障提供了网络模拟环境。用户可以在软件的图形用户界面上直接使用拖曳方法建立网络拓扑，并可提供数据包在网络中行进的详细处理过程，观察网络实时运行情况。可以学习 IOS 的配置、锻炼故障排查能力。这个软件是思科网络技术学院主推的模拟器，主要是面向思科的 CCNA 应用。

这个模拟器与前面的 GNS3 相比更容易让学习者去了解和使用网络。这个模拟器的应用完全是软件模拟，在应用中会由软件自身的 bug 引起网络论断的否定性，但是绝大多数情况下还是比较正确完整地表达了网络应用的结论。在这个模拟器上可以实现网络调试技能的基本工程应用，不失为一个比较好的模拟器。

10.5.5　HCL

HCL 是 H3C 面向网络用户和学习者推出的基于 V7 版本的 H3C 网络设备应用的模拟器。HCL 最新推出的版本可以在 Windows 10 系统上安装和使用，要获得这个模拟器的安装软件和安装手册可以从 H3C 官网获得。

10.6　静态路由应用与模拟

下面就使用模拟器来实现静态路由。用两款设备来模拟，就是市面主流的两大网络设备应用，也是现有网络应用中网络工程师都使用的命令操作方式，即华为系与思科系。

10.6.1 网络设备的基本操作

从网络获取 eNSP 和 Cisco Packet Tracer 这两款软件，在 Windows 系统上进行默认安装，在软件的安装过程中，会遇到很多附带要求，比如开启防火墙等，都是网络软件进行远程应用的需求，可以进行开放。

网络设备在使用时与前面涉及的 Linux 系统一样，都是命令行方式的，在命令应用中都有自己的命令集。网络设备在工程应用中都会提供使用手册，不过需从官方网站或者客服获取，不过一般都能在网络查询到使用的实例。

网络设备开启后，都是在相应的模式下进行配置和管理的。下面这几个注意事项理解了，基本的网络设备就能够使用了。

① 最常用的帮助命令就是 "?"，在任何一个模式下使用? 都可以罗列出当前模式下可以使用的命令。

② 模式直接的切换命令就是进入使用的命令和 "exit" 或者 "quit" 命令的频繁切换。

③ 尽管设备有所不同，不外乎就是 "用户模式""配置模式""接口模式""路由模式" 和 "其他功能模式" 的应用。用户模式通常是进行系统文件查看、管理的模式，这个模式是在网络调试时，用来查看设备的运行配置和设备驻留配置的最佳方式；配置模式是进行网络功能配置最核心的使用模式，其中包括 "接口模式""路由模式" 和 "其他功能模式" 的应用。对于功能应用的方式需要查询设备的命令手册。对于网络设备管理者来说，必须会这些应用，通常把这些应用的实例写成脚本形式作为经验的积累和设备的应用配置备份。

10.6.2 使用 Packet Tracer 实现静态路由

安装完软件并打开后，可以看到如图 10-3 所示的界面。

图 10-3 Packet Tracer 登录界面

这是第 7 版本以后的软件基本界面,就是需要用户去注册思科网络技术学院并获得认证使用的学习账户。这里一般都使用右下角的"Guest Login"按钮,点击后再次点击倒计时后的"Confirm guest"选项进入软件主界面。如图 10-4 所示。

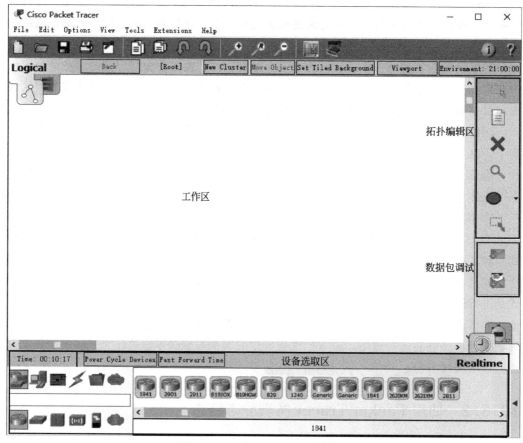

图 10-4　Packet Tracer 工作界面

在这个主界面上就可以进行网络拓扑的构建,在设备选取区使用鼠标左键选择设备,点击拖动放置到工作区就可以实现拓扑设备的选取。

在设备选取区的左边有各种设备的标签,比如点击路由器 Router 就会在右侧列出所有可用的路由器,其他设备的选取采用同样的方式。

在构建拓扑时,设备间的连线就是点击连接线缆标签,就可以列出所有可用的线缆。点击右侧线缆就可以在下方显示线缆的类型。如图 10-5 所示。

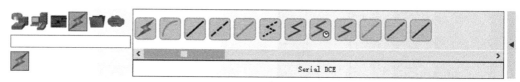

图 10-5　线缆选择

对于静态路由的应用,使用一个简单的拓扑图,如图 10-6 所示。IP 地址分配见表 10-2。

图 10-6　静态路由图

表 10-2　IP 地址分配表

设备名称	接口	IP 地址	子网掩码
PC1	网卡	192.168.1.10	255.255.255.0
PC2	网卡	192.168.2.10	255.255.255.0
Router1	1	192.168.1.1	255.255.255.0
	0	192.168.3.1	255.255.255.0
Router2	1	192.168.2.1	255.255.255.0
	0	192.168.3.2	255.255.255.0

根据这些前提设置，使用 Packet Tracer 来构建拓扑图。

第 1 步，点击左下角的设备标签，如点击第一行的第一个图标"Network Devices"，然后点击第二行的第一个图标"Router"，然后从右边设备区选择一个路由器，这里选择"1941"路由器。点击左键不松手拖动到工作区然后释放，就可以看到一个"1941 Router0"的设备进入到工作去了。同样的方式选择第二个路由器"1941 Router1"。

第 2 步，根据前面选择路由器的方式，选择"End Devices"，选择两个 PC 拖动到工作区。如果使用熟练的可以使用先点击设备，看到设备选取区有个禁止的图标，再点击工作区，就可以像拖动一样在工作区创建一个设备。

第 3 步，点击像电流一样的图标"Connections"，在设备选取区点击第 4 个图标"Copper Cross-Over"，添加一根现实使用的网线，点击后，就可以看到前面说的禁止图标，然后把鼠标左键移动到工作去，可以看到鼠标变成一个带有弯曲线缆的选择器方式，点击 Router0，打开图 10-7 所示界面，移动鼠标到第 3 项"GigabitEthernet0/0"，单击鼠标左键，然后滑动鼠标，就可以看到连上 Router0 的一根线缆，然后点击 Router1，也打开图 10-7 所示界面，移动鼠标到第 3 项，单击鼠标左键，就可以看到图 10-8 所示，两个路由器被网线连接起来了。

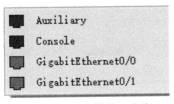

图 10-7　路由器端口选取

图 10-8　路由器连接

第 4 步，如第 3 步连接线缆的步骤，把 PC0 的"FastEthernet0"接口与 Router0 的"GigabitEthernet0/1"接口使用前面用的网线连接起来，把 PC1 的

"FastEthernet0"接口与Router1的"GigabitEthernet0/1"接口连接起来。如图10-9所示。

图10-9　PacketTracer连接线缆后的拓扑图

线缆连接以后，如图10-9中的设备名称与前面的拓扑图内的设备标识不太一样，可以直接点击工作区中设备下方的名称进行修改，可以先把PC1改成PC2，再把PC0改为PC1，使用同样的操作步骤修改路由器的名称为Router2和Router1。修改后的拓扑图如图10-10所示。

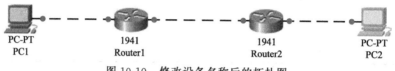

图10-10　修改设备名称后的拓扑图

第5步，在图10-10修改设备名称后的拓扑图中根据表10-2里的信息进行IP地址设定，先双击PC1，打开PC1设置窗口，选择第3项Desktop。如图10-11所示。

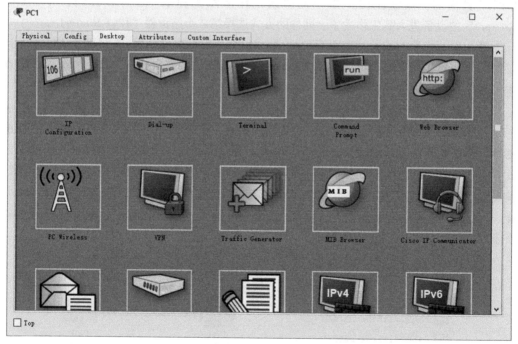

图10-11　PC1设备

然后单击"IP Configuration"，打开图10-12 PC1的IP地址设置，做好IP地址的设置，设置完成后，直接关闭窗口就应用上了。这里网关设置192.168.1.1，为什么做这个设置，请大家回想前面讲的网关的概念，同样在PC2上也做好IP地址设备，如图

10-13 PC2 的 IP 地址设置。

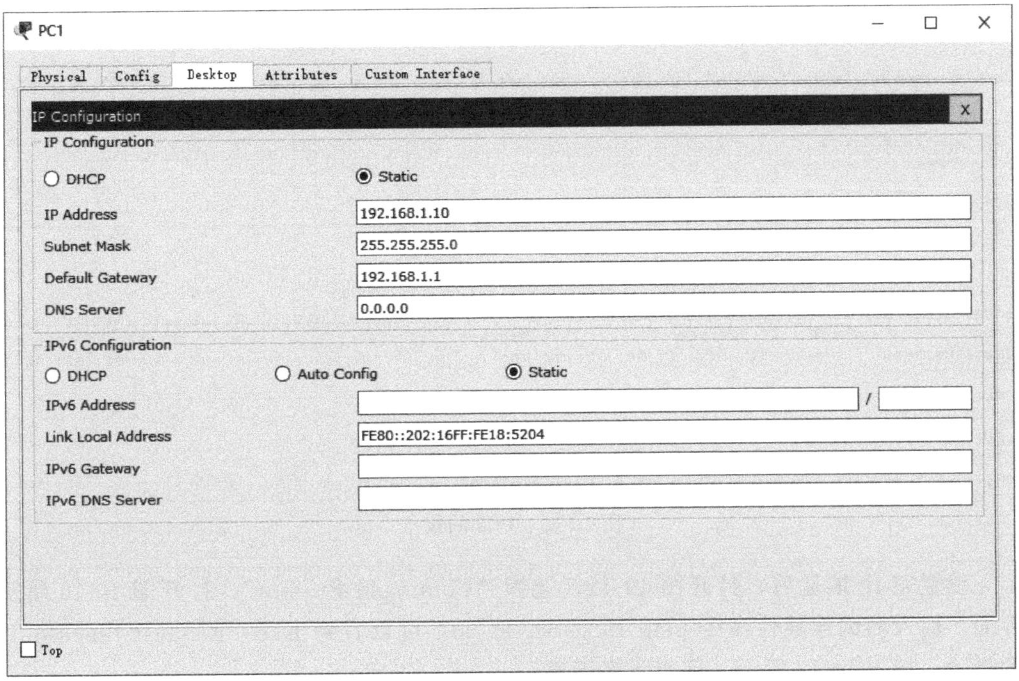

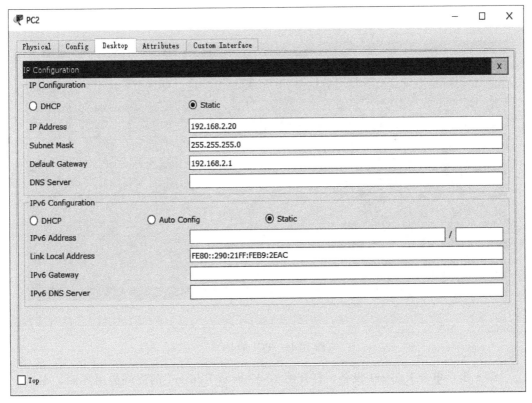

图 10-12 　 PC1 的 IP 地址设置

图 10-13 　 PC2 的 IP 地址设置

设置完 PC1 和 PC2 的 IP 地址后，把鼠标放在 PC1 和 PC2 上就可以显示如图 10-14、图 10-15 所示的界面。

```
Port            Link    IP Address          IPv6 Address                    MAC Address
FastEthernet0   Down    192.168.1.10/24     <not set>                       0002.1618.5204

Gateway: 192.168.1.1
DNS Server: 0.0.0.0
Line Number:  <not set>

Physical Location: Intercity, Home City, Corporate Office
```

图 10-14　PC1 的信息

```
Port            Link    IP Address          IPv6 Address                    MAC Address
FastEthernet0   Down    192.168.2.20/24     <not set>                       0090.21B9.2EAC

Gateway: 192.168.2.1
DNS Server:  <not set>
Line Number:  <not set>

Physical Location: Intercity, Home City, Corporate Office
```

图 10-15　PC2 的信息

设置完 IP 地址后，打开图 10-11，选择"Command Prompt"，打开图 10-16 所示界面，输入测试连通性命令 ping 192.168.20.20，可以看到出现"Request timed out"的提示，如图 10-17 所示，证明网络不通。

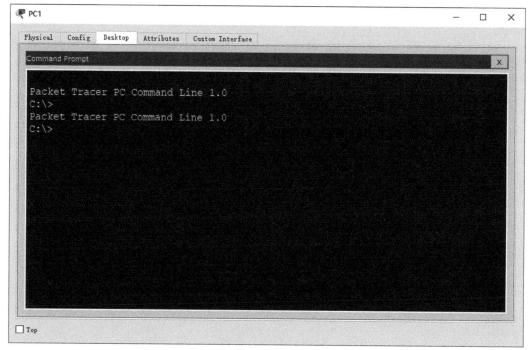

图 10-16　PC1 的 DOS

第 6 步，单击 Router1 设备，打开图 10-18 所示 Router1 的终端应用界面，在这个 CLI 上进行路由器的设置。初始界面要求是用对话的形式还是用命令行的方式，这里输入"no"使用命令行的方式。

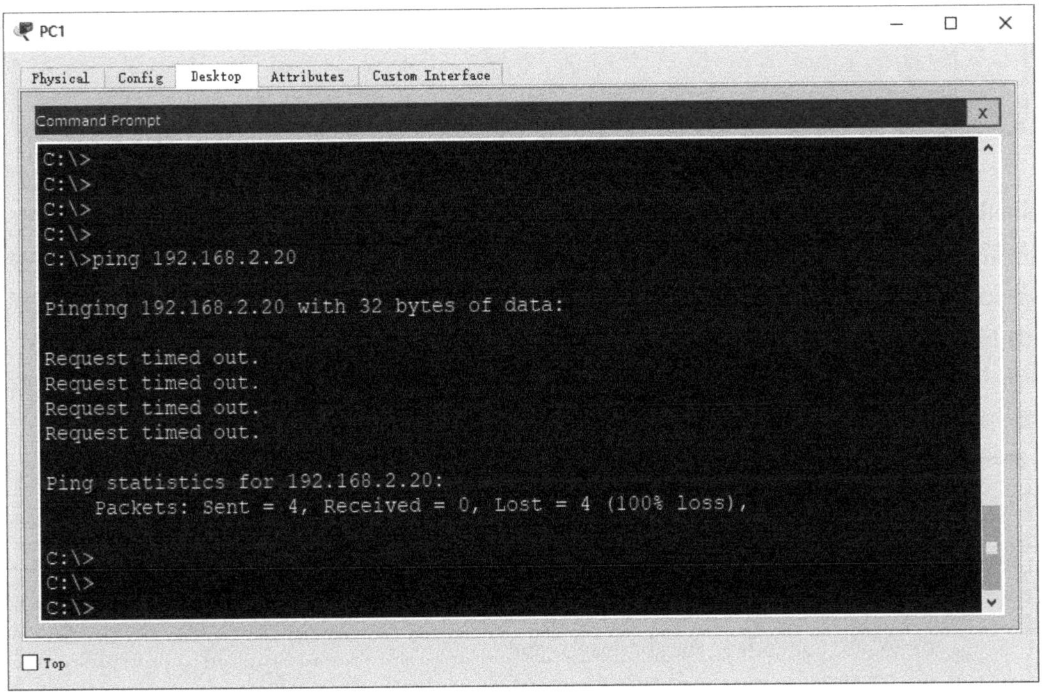

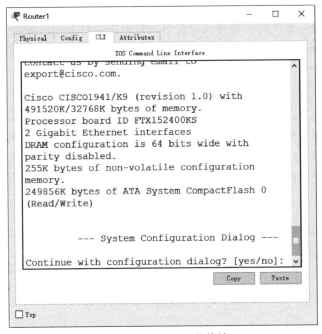

图 10-17　PC pingPC2

图 10-18　Router1 的终端

进入命令行方式前，有个提示"Press RETURN to get started!"，按回车键多次，打开提示为"Router＞"的命令行，这就是用户模式，在这个模式下只能使用很少的命令，比如 ping 命令测试网络连通性，这个模式是一个是否能够改动系统内部信息的一个分解符。这里在后面使用 enable 命令就可以进入设备内部了。

```
Router＞enable
Router＃
```

在"＃"开始提示符下，大家可以联想以前学过的 Linux 应用，是不是可以想到 shell 的应用。这就是开始真正调试路由设备了。这个模式一般在"思科系"设备（还包括神州数码、锐捷网络设备）中称为特权模式，在这个模式下能够显示管理硬件的设备文件，通常使用 tftp 服务进行文件的导入和导出，在"华为系"里这个模式下还提供 FTP 服务。

例如，使用"dir"命令就可以打开 Flash 里保存的文件信息，通常就是所说的网络操作系统文件，这个以"bin"结尾的二进制文件很重要，大家不要删除。

```
Router＃dir
Directory of flash0:/

3 -rw- 33591768 ＜no date＞ c1900-universalk9-mz. SPA. 151-4. M4. bin
2 -rw- 28282 ＜no date＞ sigdef-category. xml
1 -rw- 227537 ＜no date＞ sigdef-default. xml


255744000 bytes total (221896413 bytes free)
```

第 7 步，在进入系统的管理模式情况下，就可以进行系统的配置了，在＃提示后面输入 configure terminal 命令，就可以进入路由器的核心模式——配置模式了。

```
Router＃configure terminal
Router(config)＃
```

第 8 步，在配置模式下就可以进行静态路由的配置，但在配置前需要给路由拓扑中的连接端口配置 IP 地址信息，并且开启路由端口，使之能够传输信号。

在使用端口配置命令前，需要使用 exit，或者"Ctrl＋Z"命令切换到特权模式下，使用 show ip interface brief 命令查看端口信息，如图 10-19 所示。

```
Router#show ip interface brief
Interface              IP-Address       OK? Method Status                  Protocol
GigabitEthernet0/0     unassigned       YES unset  administratively down down
GigabitEthernet0/1     unassigned       YES unset  administratively down down
Vlan1                  unassigned       YES unset  administratively down down
```

图 10-19　查看路由器端口信息

根据端口信息与工作区连接端口情况进行端口 IP 地址设置。

再次使用 configure terminal 命令进入到配置模式中，然后使用 interface＋端口类型＋端口编号的命令进入端口模式，如下所示：

```
Router(config)#interface gigabitEthernet 0/0
Router(config-if)#
```

在提示符"（config-if）#"后面使用 ip address 命令，格式为"ip address IP 地址 子网掩码"，配置 gigabitEthernet 0/0 接口的 IP 地址，然后使用 no shutdown 命令把端口开启。如下所示：

```
Router(config)#interface gigabitEthernet 0/0
Router(config-if)#ip address 192.168.3.1 255.255.255.0
Router(config-if)#no shutdown
```

设置完成后，路由器会提示"%LINK-5-CHANGED：Interface GigabitEthernet0/0，changed state to up"，这样就显示接口已经开启了。

根据这一步的操作步骤，对 Router1 的 gigabitEthernet 0/1 接口进行 IP 地址设置并且开启端口，设置如下：

```
Router(config)#interface gigabitEthernet 0/1
Router(config-if)#ip address 192.168.1.1 255.255.255.0
Router(config-if)#no shut
```

在这个设置过程中，要频繁地进行模式的切换，一定要灵活应用，并且注意提示符。

完成前面的 8 个步骤后，在 Router1 上的基本配置就都完成了，根据前面的操作过程在 Router2 上进行同样的 IP 地址设置，具体配置如下：

```
Router(config)#interface gigabitEthernet 0/0
Router(config-if)#ip address 192.168.3.2 255.255.255.0
Router(config-if)#no shutdown
Router(config-if)#exit
Router(config)#interface gigabitEthernet 0/1
Router(config-if)#ip address
Router(config-if)#ip address 192.168.2.1 255.255.255.0
Router(config-if)#no shutdown
```

完成后，回到工作区可以看到所有连接点都显示绿色，表示网络基础连接都成功了，如图 10-20 所示。

PC-PT   1941   1941   PC-PT
PC1   Router1   Router2   PC2

图 10-20 网络物理连通

如果这时候工作区中的拓扑图显示红点，证明网络接口的连接或者端口的 IP 地址配置有错误，需要纠正，只有正确了才能做后面的静态路由配置。

第 9 步，点击进入 Router1，使用命令进入路由器的配置模式，在配置模式下使用"ip route"命令配置静态路由。

在做配置之前，需要认识一下路由器的寻址功能，就是在路由器的内存中运行着一个由最优路径组成的路由表，每个路径都包含有目的地址、子网掩码、转发接口等信息。

在特权模式下，可以使用"show ip route"命令显示。如图 10-21 所示。

```
Router#show ip route
Codes: L - local, C - connected, S - static, R - RIP, M - mobile, B - BGP
       D - EIGRP, EX - EIGRP external, O - OSPF, IA - OSPF inter area
       N1 - OSPF NSSA external type 1, N2 - OSPF NSSA external type 2
       E1 - OSPF external type 1, E2 - OSPF external type 2, E - EGP
       i - IS-IS, L1 - IS-IS level-1, L2 - IS-IS level-2, ia - IS-IS inter area
       * - candidate default, U - per-user static route, o - ODR
       P - periodic downloaded static route                    路由类型

Gateway of last resort is not set

     192.168.1.0/24 is variably subnetted, 2 subnets, 2 masks        路由表
C        192.168.1.0/24 is directly connected, GigabitEthernet0/1
L        192.168.1.1/32 is directly connected, GigabitEthernet0/1
     192.168.3.0/24 is variably subnetted, 2 subnets, 2 masks
C        192.168.3.0/24 is directly connected, GigabitEthernet0/0
L        192.168.3.1/32 is directly connected, GigabitEthernet0/0
```

图 10-21　查看 Router1 路由表

从当前的路由表中，可以看到路由表中有了 192.168.1.0/24 和 192.168.3.0/24 这两个网络地址了，这就说明只要接口的地址配置进入路由器，就能够默认添加端口所在网络的网络地址进入到路由表中，实际路由表是通过路由程序实现的，只添加达到目的网络的最优网络地址。

现在需要从 PC1 所在网络向 PC2 所在网络发送数据包，就需要由 PC1 传输到 Router1，再传输到 Router2，再传输到 PC2，这就需要路由器上有 PC1 和 PC2 所在网络的网络地址。从 Router1 的路由表中可以看到，缺少 PC2 所在的网络地址 192.168.2.0/24，如果去查看 Router2 的路由表，会发现它也缺少到达 PC1 所在的网络地址 192.168.1.0/24，这就需要通过静态路由在路由器上去设置。

进入 Router1 的配置模式，使用如下命令：

> Router(config)＃ip route 192.168.2.0 255.255.255.0 192.168.3.2

192.168.2.0 是数据包要去的目的网络地址，255.255.255.0 是目的网络地址的子网掩码，192.168.3.2 是指代要由哪个路由器转发这个数据包，一般就是路由器相邻的路由的连接端的网络 IP 地址，这个地址也是下一个路由器的身份。

添加完静态路由后，再次回到特权模式下，使用 show ip route 命令查看路由表，如图 10-22 所示。

```
Router#show ip route
Codes: L - local, C - connected, S - static, R - RIP, M - mobile, B - BGP
       D - EIGRP, EX - EIGRP external, O - OSPF, IA - OSPF inter area
       N1 - OSPF NSSA external type 1, N2 - OSPF NSSA external type 2
       E1 - OSPF external type 1, E2 - OSPF external type 2, E - EGP
       i - IS-IS, L1 - IS-IS level-1, L2 - IS-IS level-2, ia - IS-IS inter area
       * - candidate default, U - per-user static route, o - ODR
       P - periodic downloaded static route

Gateway of last resort is not set

     192.168.1.0/24 is variably subnetted, 2 subnets, 2 masks
C        192.168.1.0/24 is directly connected, GigabitEthernet0/1
L        192.168.1.1/32 is directly connected, GigabitEthernet0/1
S    192.168.2.0/24 [1/0] via 192.168.3.2      静态路由
     192.168.3.0/24 is variably subnetted, 2 subnets, 2 masks
C        192.168.3.0/24 is directly connected, GigabitEthernet0/0
L        192.168.3.1/32 is directly connected, GigabitEthernet0/0
```

图 10-22　Router1 静态路由

可以看到与前面没有配置前多了一条到达 192.168.2.0/24 网络的路由信息。这就是静态路由信息。

根据同样的操作，设置 Router2 的静态路由，如下：

> Router(config)# ip route 192.168.1.0 255.255.255.0 192.168.3.1

设置完成后，查看 Router2 的路由表，如图 10-23 所示。

```
Router#show ip route
Codes: L - local, C - connected, S - static, R - RIP, M - mobile, B - BGP
       D - EIGRP, EX - EIGRP external, O - OSPF, IA - OSPF inter area
       N1 - OSPF NSSA external type 1, N2 - OSPF NSSA external type 2
       E1 - OSPF external type 1, E2 - OSPF external type 2, E - EGP
       i - IS-IS, L1 - IS-IS level-1, L2 - IS-IS level-2, ia - IS-IS inter area
       * - candidate default, U - per-user static route, o - ODR
       P - periodic downloaded static route

Gateway of last resort is not set

S    192.168.1.0/24 [1/0] via 192.168.3.1      静态路由
     192.168.2.0/24 is variably subnetted, 2 subnets, 2 masks
C        192.168.2.0/24 is directly connected, GigabitEthernet0/1
L        192.168.2.1/32 is directly connected, GigabitEthernet0/1
     192.168.3.0/24 is variably subnetted, 2 subnets, 2 masks
C        192.168.3.0/24 is directly connected, GigabitEthernet0/0
L        192.168.3.2/32 is directly connected, GigabitEthernet0/0
```

图 10-23　Router2 静态路由

第 10 步，完成了 Router1 和 Router2 的静态路由设置，就需要测试一下路由是否正确。点击 PC1 打开图 10-11，选择 "Command Prompt"，打开图 10-16。

输入测试网络连通性命令

> C:\>ping 192.168.2.20

显示如图 10-24 所示，证明静态路由配置成功。

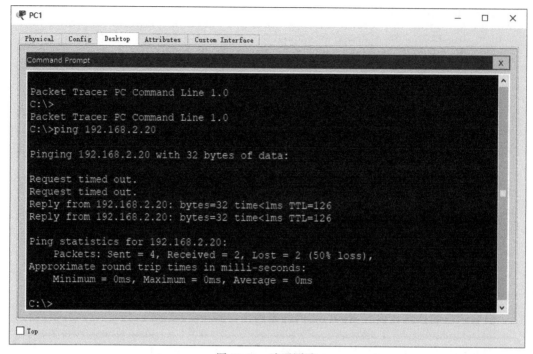

图 10-24　连通测试

第 11 章

局域网技术基础及应用

路由应用主要解决的是网络的互联，而网络用户的日常用网行为大多是依托本地网络使用共享的网络资源。这里说的本地网络就是本地局域网，本地局域网为企业、家庭提供多终端的连接服务。

11.1 局域网

计算机网络可以根据覆盖的地理范围分为互联网、广域网和局域网。局域网的覆盖范围一般是方圆几千米之内或者更小范围，其具备安装便捷、成本节约、扩展方便等特点。

局域网将一定区域内的各种计算机、外部设备和数据库连接起来形成计算机通信网，通过专用数据线路与其他地方的局域网或数据库连接，形成更大范围的信息处理系统。局域网通过网络传输介质将网络服务器、网络工作站、打印机等网络互联设备连接起来，实现系统管理文件，共享应用软件、办公设备，发送工作日程安排等通信服务。

局域网是一种私有网络，一般在一座建筑物内或建筑物附近，比如家庭、办公室或工厂。局域网络被广泛用来连接个人计算机和消费类电子设备，使它们能够共享资源和交换信息。

11.1.1 私有网络

私有网络的范畴主要在于 IP 地址的限定。IP 地址分为公有地址和私有地址。私有地址主要用于在局域网中进行分配，在 Internet 上是无效的。这样可以很好地隔离局域网和 Internet。私有地址在公网上是不能被识别的，必须通过 NAT❶将内部 IP 地址转换成公网上可用的 IP 地址，从而实现内部 IP 地址与外部公网的通信。公有地址是在广域网内使用的地址，但在局域网中同样也可以使用，除了私有地址以外的地址都是公有地址。

私有 IP 属于非注册地址，专门为组织机构内部使用。RFC1918 定义了私有 IP 地址范围：

A：10.0.0.0～10.255.255.255 即 10.0.0.0/8

B：172.16.0.0～172.31.255.255 即 172.16.0.0/12

C：192.168.0.0～192.168.255.255 即 192.168.0.0/16

这些地址是不会被 Internet 分配的，它们在 Internet 上也不会被路由，虽然它们不能直接和 Internet 网连接，但通过技术手段仍旧可以和 Internet 通信（NAT 技术）。

局域网通过 NAT 技术的动态端口映射技术大大解决了因为 IPv4 地址枯竭造成的众多终端无法获得公有网络地址而不能上网的问题。NAT 技术主要应用于路由设备上。

11.1.2 有线局域网

有线局域网使用了各种不同的传输技术。它们大多使用铜线作为传输介质，但也有一些使用光纤。局域网的大小受到限制，这意味着最坏情况下的传输时间也是有界的，并且事先可以知道。了解这些界限有助于网络协议的设计。通常情况下，有线局域网的运行速度在 100Mbps 到 1Gbps 之间，延迟很低（微秒或者纳秒级），而且很少发生错误。较新的局域网可以工作在高达 10Gbps 的速率。和无线网络相比，有线局域网在性能的所有方面都超过了它们。许多有线局域网的拓扑结构是以点到点链路为基础的。俗称以太网的 IEEE 802.3 是迄今为止最常见的一种有线局域网。在交换式以太网中每台计算机按照以太网协议规定的方式运行，通过一条点到点链路连接到一个盒子，这个盒子称为交换机，这就是交换式以太网名字的由来。

11.1.3 无线局域网

无线局域网，简称 WLAN，是在几千米范围内的公司楼群或是商场内的计算机互相连接所组建的计算机网络，一个无线局域网能支持几台到几千台计算机的使用。现如今无线局域网的应用已经越来越多。现在的校园、商场、公司以及高铁都在应用。无线局域网的应用为我们的生活和工作都带来很大的帮助，不仅能够快速传输人们所需要的信息，还能使人们之间的联系更加快捷方便。

无线局域网近来受到非常大的欢迎，尤其是家庭、旧办公楼、食堂和其他一些安装电缆太麻烦的场地。在这些系统中，每台计算机都有一个无线调制解调器和一个天线，用来与其他计算机通信。在大多数情况下，每台计算机与安装在天花板上的一个设备通

---

❶ NAT 网络地址转换技术，主要是解决 IPv4 地址枯竭，应用于局域网访问互联网的技术。

信。这个设备，成为接入点、无线路由器或者基站，它主要负责中继无线计算机之间的数据包，还负责中继无线计算机和 Internet 之间的数据包。无线局域网的一个标准称为 IEEE 802.11，俗称 WIFI，已经在非常广泛地使用。

11.2 局域网协议

在局域网应用中都离不开 IEEE 的 802 协议，无论是有线的还是无线的都是由 IEEE 制定的局域网协议 802 协议进行了分支性的界定。

11.2.1 IEEE802

IEEE 802 又称为 LMSC（LAN/MAN Standards Committee，局域网/城域网标准委员会），致力于研究局域网和城域网的物理层和 MAC 层中定义的服务和协议，对应 OSI 网络参考模型的最低两层（即物理层和数据链路层）。

IEEE 802 系列标准是 IEEE 802 LAN/MAN 标准委员会制定的局域网、城域网技术标准。其中最广泛使用的有以太网、令牌环、无线局域网等。这一系列标准中的每一个子标准都由委员会中的一个专门工作组负责，现在 802 委员会有 20 多个分委会，意味着就有 20 多个相关标准，其中最知名就是 IEEE 802.3，以太网介质访问控制协议（CSMA/CD）及物理层技术规范和 IEEE 802.11，无线局域网（WLAN）的介质访问控制协议及物理层技术规范。

11.2.2 CSMA/CD

CSMA/CD（Carrier Sense Multiple Access with Collision Detection，载波侦听多路访问/冲突检测协议），早期主要是以太网络中数据传输方式，广泛应用于以太网中，是广播型信道中采用一种随机访问技术的竞争型访问方法，具有多目标地址的特点。它处于一种总线型局域网结构，其物理拓扑结构正逐步向星型发展。CSMA/CD 采用分布式控制方法，所有结点之间不存在控制与被控制的关系。

载波侦听（Carrier Sense），意思是网络上各个工作站在发送数据前，都要确认总线上有没有数据传输。若有数据传输（称总线为忙），则不发送数据；若无数据传输（称总线为空），立即发送准备好的数据。多路访问（Multiple Access），意思是网络上所有工作站收发数据，共同使用同一条总线，且发送数据是广播式。"冲突检测"是指发送结点在发出信息帧的同时，还必须监听媒体，判断是否发生冲突（同一时刻，有无其他结点也在发送信息帧）。

CSMA 协议要求站点在发送数据之前先监听信道。如果信道空闲，站点就可以发送数据；如果信道忙，则站点不能发送数据。但是，如果两个站点都检测到信道是空闲的，并且同时开始传送数据，那么这几乎会立即导致冲突。另外，站点在监听信道时，听到信道是空闲的，但这并不意味着信道真的空闲，因为其他站点的数据此时可能正在信道上传送，但由于传播时延，信号还没有到达正在监听的站点，从而引起对信道状态的错误判断。在早期的 CSMA 传输方式中，由于信道传播时延的存在，即使通信双方的站点，都没有侦听到载波信号，在发送数据时仍可能会发生冲突。因为它们可能会在检测到介质空闲时，同时发送数据，致使冲突发生。尽管 CSMA 可以发现冲突，但它并没有先知的冲突检测和阻止功能，致使冲突发生频繁。随后的技术发展，可以对 CS-MA 协议作进一步的改进，使发送站点在传输过程中仍继续侦听介质，以检测是否存在冲突。如果两个站点都在某一时间检测到信道是空闲的，并且同时开始传送数据，则它们几乎立刻就会检测到有冲突发生。如果发生冲突，信道上可以检测到超过发送站点本身发送的载波信号幅度的电磁波，由此判断出冲突的存在。一旦检测到冲突，发送站点就立即停止发送，并向总线上发一串阻塞信号，用以通知总线上通信的对方站点，快速地终止被破坏的帧。

CSMA/CD 介质访问控制方法算法简单，易于实现。有多种 VLSI 可以实现 CS-MA/CD 方法，这对降低 Ethernet 成本、扩大应用范围是非常有利的。

11.2.3 CSMA/CA

CSMA/CA（Carrier Sense Multiple Access with Collision Avoid，即带有冲突避免的载波侦听多路访问）是一种数据传输时避免各站点之间数据传输冲突的算法，其特点是发送包的同时不能检测到信道上有无冲突，只能尽量"避免"。一个工作站希望在无线网络中传送数据，如果没有探测到网络中正在传送数据，则附加等待一段时间，再随机选择一个时间片继续探测，如果无线网络中仍旧没有活动的话，就将数据发送出去。接收端的工作站如果收到发送端送出的完整的数据则回发一个 ACK 数据报，如果这个 ACK 数据报被接收端收到，则这个数据发送过程完成，如果发送端没有收到 ACK 数据报，则或者发送的数据没有被完整地收到，或者 ACK 信号的发送失败，不管是哪种现象发生，数据报都在发送端等待一段时间后被重传。CS-MA/CA 通过这种方式来提供无线的共享访问，这种显式的 ACK 机制在处理无线问题时非常有效。

11.3 以太网技术

以太网技术指的是由 Xerox 公司创建并由 Xerox、Intel 和 DEC 公司联合开发的基带局域网规范。以太网络使用 CSMA/CD 技术，并以 10MB/s 的速率运行在多种类型的电缆上。以太网与 IEEE802.3 系列标准相类似，它不是一种具体的网络，是一种技术规范。

以太网是当今现有局域网采用的最通用的通信协议标准。该标准定义了在局域网（LAN）中采用的电缆类型和信号处理方法。以太网在互联设备之间以 10～100Mbps

的速率传送信息包，双绞线电缆 10 Base T 以太网由于其低成本、高可靠性以及10Mbps 的速率而成为应用最为广泛的以太网技术。

以太网（Ethernet）是一种计算机局域网组网技术。IEEE 制定的 IEEE 802.3 标准给出了以太网的技术标准。它规定了包括物理层的连线、电信号和介质访问层协议的内容。以太网是当前应用最普遍的局域网技术。它很大程度上取代了其他局域网标准，如令牌环网（token ring）、FDDI 和 ARCNET。

11.3.1 网桥

网桥（Bridge）是早期的两端口二层网络设备。网桥的两个端口分别有一条独立的交换信道，不是共享一条背板总线，可隔离冲突域。网桥将两个相似的网络连接起来，并对网络数据的流通进行管理。它工作于数据链路层，不但能扩展网络的距离或范围，而且可提高网络的性能、可靠性和安全性。网桥工作在数据链路层，将两个 LAN 连起来，根据 MAC 地址来转发帧，可以看作一个"低层的路由器"。

11.3.2 网络交换机

网络交换机，是一个扩大网络的器材，能为子网络中提供更多的连接端口，以便连接更多的计算机。1989 年网络公司 Kalpana 发明了 EtherSwitch，它是第一台以太网交换机。以太网交换机把桥接功能用硬件实现，这样就能保证转发数据速率达到线速。随着通信业的发展以及国民经济信息化的推进，网络交换机市场呈稳步上升态势。它具有性价比高、高度灵活、相对简单和易于实现等特点。

以太网技术已成为当今最重要的一种局域网组网技术，网络交换机也就成为了最普及的交换机。交换技术是一个具有简化、低价、高性能和高端口密集特点的交换产品，体现了桥接技术的复杂交换技术在 OSI 参考模型的第二层操作。与桥接器一样，交换机按每一个包中的 MAC 地址相对简单地决策信息转发。而这种转发决策一般不考虑包中隐藏的更深的其他信息。与桥接器不同的是交换机转发延迟很小，操作接近单个局域网性能，远远超过了普通桥接互联网网络之间的转发性能。

11.3.3 交换机工作原理

交换机工作于 OSI 参考模型的第二层，即数据链路层。交换机内部的 CPU 会在每个端口成功连接时，通过将 MAC 地址和端口对应，形成一张 MAC 表。在今后的通信中，发往该 MAC 地址的数据包将仅送往其对应的端口，而不是所有的端口。因此，交换机可用于划分数据链路层广播，即冲突域；但它不能划分网络层广播，即广播域。

交换机拥有一条很高带宽的背部总线和内部交换矩阵。交换机所有的端口都挂接在这条背部总线上，控制电路收到数据包以后，处理端口会查找内存中的地址对照表以确定目的 MAC（网卡的硬件地址）的 NIC（网卡）挂接在哪个端口上，通过内部交换矩阵迅速将数据包传送到目的端口，目的 MAC 若不存在，广播到所有的端口，接收端口回应后交换机会"学习"新的 MAC 地址，并把它添加入内部 MAC 地址表中。使用交换机也可以把网络"分段"，通过对照 IP 地址表，交换机只允许必要的网络流量通过交换机。通过交换机的过滤和转发，可以有效地减少冲突域。

11.4　虚拟局域网 VLAN

　　虚拟局域网 VLAN（Virtual Local Area NetWork）是一组逻辑上的设备和用户，这些设备和用户并不受物理位置的限制，可以根据功能、部门及应用等因素将它们组织起来，相互之间的通信就好像它们在同一个网段中一样，由此得名虚拟局域网。

　　由于交换机端口有两种 VLAN 属性，其一是 VLANID，其二是 VLANTAG，分别对应 VLAN 对数据包设置 VLAN 标签和允许通过的 VLANTAG（标签）数据包，不同 VLANID 端口，可以通过相互允许 VLANTAG，构建 VLAN。VLAN 是一种比较新的技术，工作在 OSI 参考模型的第 2 层和第 3 层，一个 VLAN 不一定是一个广播域，VLAN 之间的通信并不一定需要路由网关，其本身可以通过对 VLANTAG 的相互允许，组成不同访问控制属性的 VLAN，当然也可以通过第 3 层的路由器来完成，但是，通过 VLANID 和 VLANTAG 的允许，VLAN 可以为几乎局域网内任何信息集成系统架构逻辑拓扑和访问控制，并且与其他共享物理网路链路的信息系统实现相互间无扰共享。VLAN 可以为信息业务和子业务以及信息业务间提供一个相符合业务结构的虚拟网络拓扑架构并实现访问控制功能。与传统的局域网技术相比较，VLAN 技术更加灵活，它具有以下优点：网络设备的移动、添加和修改的管理开销减少；可以控制广播活动；可提高网络的安全性。

11.5　VLAN 模拟应用

　　在交换机上进行 VLAN 的应用是比较容易的。虚拟局域可以基于端口来划分、基于 MAC 地址来划分、基于协议来划分。在生产环境中，基于 MAC 地址划分的 VLAN 应用比较多，主要是为了绑定用户的终端，防止非法终端接入企业网络。再有就是基于端口划分的 VLAN 在应用中也比较普遍，有利于进行广播隔离。

　　在 Packet Tracer 模拟器中，使用交换机进行基于端口的 VLAN 模拟，拓扑图如图 11-1 所示，配置信息如表 11-1 所示。

图 11-1　基于端口应用拓扑图

表 11-1   基于端口的 VLAN 应用

Port	VLANID	PC 连接	IP 地址
1	VLAN10	PC1	192.168.1.1/24
2	VLAN10		
3	VLAN20	PC2	192.168.1.2/24
4	VLAN20		

第 1 步，按照前面静态路由应用，打开 Packet Tracer，在设备中选择一个交换机和两台 PC 加入工作区，在线缆选择上使用 "Copper Straight-Through" 线缆连接 PC 与交换机，一定要按照表 11-1 的对应关系连接。连接后，如图 11-2 所示。

图 11-2   Packet Tracer 中的拓扑图

完成基本拓扑以后，参考第 10 章静态路由的设置在 PC1 和 PC2 上设置 IP 地址，然后在 PC1 和 PC2 之间进行连通性测试，可以看到两台 PC 是连通的。如图 11-3 所示。

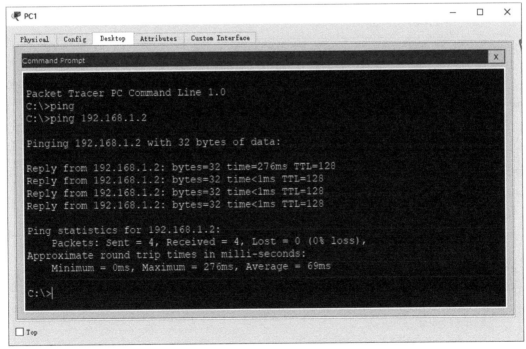

图 11-3   PC1 与 PC2 连通性测试

第 2 步，单击 Switch 就可以打开交换机的控制窗口，如图 11-4 所示。

第 3 步，敲击回车进入交换机的用户模式

Switch>

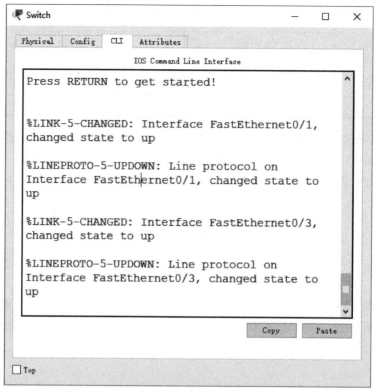

图 11-4　交换机的 CLI 界面

交换机的应用模式与路由器的模式应用完全类似，只需要使用前面学到的切换模式命令就可以进行模式切换，使用命令进入到配置模式下。

```
Switch>enable
Switch#conf
Switch#configure terminal
Switch(config)#
```

第 4 步，使用 vlan 命令创建 VLANID 就可以了，这里使用命令 vlan 10 创建 vlan 10，然后使用 exit 命令退回配置模式继续创建 vlan 20。

```
Switch(config)#vlan 10
Switch(config-vlan)#exit
Switch(config)#vlan 20
Switch(config-vlan)#exit
```

第 5 步，查看 VLANID 创建后的运行状况，可以在特权模式下使用 show vlan 命令查看交换机的 VLAN 数据库的信息，如图 11-5 所示。

从 VLAN 信息表中可以看到交换机的所有接口都默认绑定到 vlan1 中，这就是为什么交换机初始应用，所有连接的 PC 都可以默认连通了，这就是集线器的基本功能，

```
VLAN Name                             Status    Ports
---- -------------------------------- --------- -------------------------------
1    default                          active    Fa0/1, Fa0/2, Fa0/3, Fa0/4
                                                Fa0/5, Fa0/6, Fa0/7, Fa0/8
                                                Fa0/9, Fa0/10, Fa0/11, Fa0/12
                                                Fa0/13, Fa0/14, Fa0/15, Fa0/16
                                                Fa0/17, Fa0/18, Fa0/19, Fa0/20
                                                Fa0/21, Fa0/22, Fa0/23, Fa0/24
                                                Gig0/1, Gig0/2
10   VLAN0010                         active
20   VLAN0020                         active
1002 fddi-default                     active
1003 token-ring-default               active
1004 fddinet-default                  active
1005 trnet-default                    active
```

图 11-5　查看 VLAN 信息

直观反映出"傻交换"的概念。在很多局域网应用中，很少配置 VLAN 信息，只有交换机正常启动就可以实现多接口的连接形成同一网络的互联。

另外还可以看到在 VLAN 表中，创建了 vlan 10 和 vlan 20。但是接口项没有信息。

第 6 步，根据表中的信息，使用模式切换命令，进入接口 fa0/1 中，使用命令如下：

```
Switch(config)#interfacefastEthernet 0/1
Switch(config-if)#switchport mode access
Switch(config-if)#switchport access vlan 10
```

交换机的端口一般有 3 种模式，即 access（独占模式）、trunk（共享模式）、dynamic（协商模式），使用 mode 参数定义端口为 access 模式，然后绑定 VLANID。

使用同样的方式完成信息表中的配置。如下：

```
Switch(config)#interfacefastEthernet 0/2
Switch(config-if)#switchport mode access
Switch(config-if)#switchport access vlan 10
Switch(config-if)#exit
Switch(config)#interfacefastEthernet 0/3
Switch(config-if)#switchport mode access
Switch(config-if)#switchport access vlan 20
Switch(config-if)#exit
Switch(config)#interfacefastEthernet 0/4
Switch(config-if)#switchport mode access
Switch(config-if)#switchport access vlan 20
```

第 7 步，再次测试 PC1 和 PC2 的连通性。可以看到图 11-6 显示不通了。

从上面的过程可以看到，使用基于端口的 VLAN 能够分隔广播域，实现同一网络地址的 PC 间无法通信。留下一个问题，如果把 PC2 的端口连入 fa0/2，进行测试，是否会通呢?

```
C:\>ping 192.168.1.2

Pinging 192.168.1.2 with 32 bytes of data:

Request timed out.
Request timed out.
Request timed out.
Request timed out.

Ping statistics for 192.168.1.2:
    Packets: Sent = 4, Received = 0, Lost = 4 (100% loss),
```

图 11-6　PC1 与 PC2 连通性测试

11.6　双绞线的制作

　　有线局域网通常使用双绞线连接网卡与交换机,很多工作环境是通过综合布线系统实现,网卡与最近的墙面网络面板或者地插面板实现网络的连接。不管怎么使用,都是需要双绞线连接实现有线连接。

　　通常见到的双绞线都是 8 芯线缆,不管是现在常用的超五类,还是六类线缆都是 8 芯线缆。对于目前的网络传输应用来说,无论是百兆还是千兆应用都是依据线缆连接的标准来制作的。

11.6.1　EIA/TIA 的布线标准

　　1985 年初,计算机工业协会(CCIA)提出对大楼布线系统标准化的倡议,美国电子工业协会(EIA)和美国电信工业协会(TIA)开始进行标准化制定工作。

　　1991 年 7 月,ANSI/EIA/TIA568 即《商业大楼电信布线标准》问世。1995 年底,EIA/TIA 568 标准正式更新为 EIA/TIA568A。

　　EIA/TIA 的布线标准中规定了两种双绞线的线序 568A 与 568B。见表 11-2。

表 11-2　两种双绞线的线序

标准	线序
568A 标准	绿白-1,绿-2,橙白-3,蓝-4,蓝白-5,橙-6,褐白-7,褐-8
568B 标准	橙白-1,橙-2,绿白-3,蓝-4,蓝白-5,绿-6,褐白-7,褐-8

11.6.2　双绞线分类

　　按照线序不同双绞线分为三类:直通线、交叉线和全反线。

　　直通线一般用来连接两个不同性质的接口。如:电脑连路由器,路由器连集线器,路由器连交换机等。由于互联的设备不同，所以使用直通线，但是现在的网络接口都启用了 MidX 自适应转换技术，已经弱化了这种不同类型设备使用直通线缆连接的思想。直通线在制作时就是两头都采用同一个标准就可以了。

交叉线是一头做成标准 568A，另一头做成标准 568B。交叉线一般用来连接两个性质相同的端口。如：电脑连电脑，路由器连路由器，集线器连集线器，因为互联的设备相同，所以使用交叉线。

全反线的线序一般是一头为 568B，另外一头的颜色全反过来。做法就是一端的顺序是 1～8，另一端则是 8～1 的顺序。不用于以太网的连接，主要连接电脑的串口和交换机、路由器的 Console 口，也称为配置线，但是这种线缆需要一个 Rj45 转 RS232 的转换头才能用。

第 12 章

网络系统综合实训

根据前面所学的内容可以进行一些综合性的实训，如拓扑图 12-1 所示。

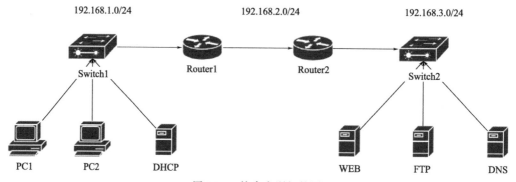

图 12-1　综合实训拓扑图

从拓扑图中可以看到，现有 3 个网络，IP 地址分别是 192.168.1.0/24，192.168.2.0/24，192.168.3.0/24。其中 192.168.2.0/24 应用在两个路由器连接的网络。见表 12-1。

表 12-1　综合实训设备信息

网络地址	设备名称	IP 地址	子网掩码	备注
192.168.1.0/24	DHCP	192.168.1.200	255.255.255.0	地址池： 192.168.1.100～192.168.1.150
	PC1	从 DHCP 获得		
	PC2	192.168.1.201	255.255.255.0	

网络地址	设备名称	IP 地址	子网掩码	备注
192.168.2.0/24	WEB	192.168.3.100	255.255.255.0	www.basetest.com
	FTP	192.168.3.101	255.255.255.0	ftp.basetest.com
	DNS	192.168.3.102	255.255.255.0	Ns.basetest.com

12.1 实现需求

① 根据表内的信息，使用静态路由实现全网设备连通。

② PC1 从 DHCP 的地址池中获得 IP 地址信息，能够使用浏览器通过域名访问 WEB、FTP 服务。

③ DNS 内设置域名与 IP 地址的绑定，实现 PC1 能够通过域名访问 WEB 和 FTP 服务。

④ 全网连通后，通过创建 VLAN 的方式实现 PC1 和 PC2 不能连通。

12.2 PacketTracer 模拟实现

在 PacketTracker 中创建拓扑，如图 12-2 所示。

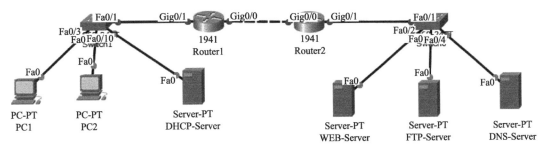

图 12-2　Packet Tracer 综合实训拓扑

拓扑的构建比较灵活。可以根据连接端口进行地址设置。

① Router1 的参考配置为：

```
Router>enable
Router#configure terminal
Router(config)#interface gigabitEthernet 0/0
Router(config-if)#ip address 192.168.2.1 255.255.255.0
```

```
Router(config-if)＃no shutdown
Router(config-if)＃exit
Router(config)＃interface gigabitEthernet 0/1
Router(config-if)＃ip address 192. 168. 1. 1 255. 255. 255. 0
Router(config-if)＃no shutdown
Router(config-if)＃exit
Router(config)＃ip route 192. 168. 3. 0 255. 255. 255. 0 192. 168. 2. 2
```

② Router2 的参考配置为：

```
Router＃configure terminal
Router(config)＃interface gigabitEthernet 0/0
Router(config-if)＃ip address 192. 168. 2. 2 255. 255. 255. 0
Router(config-if)＃no shutdown
Router(config-if)＃exit
Router(config)＃interface gigabitEthernet 0/1
Router(config-if)＃ip address 192. 168. 3. 1 255. 255. 255. 0
Router(config-if)＃no shutdown
Router(config-if)＃exit
Router(config)＃ip route 192. 168. 1. 0 255. 255. 255. 0 192. 168. 2. 1
```

③ DHCP 的参考配置，如图 12-3 所示。

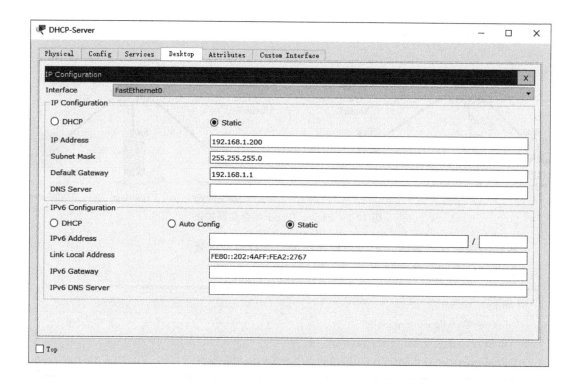

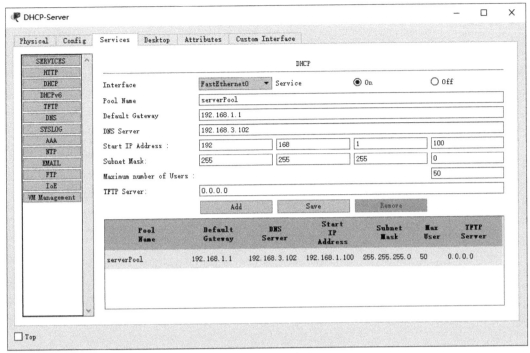

图 12-3　DHCP 的参考配置

④ WEB 服务器的参考配置，如图 12-4 所示。

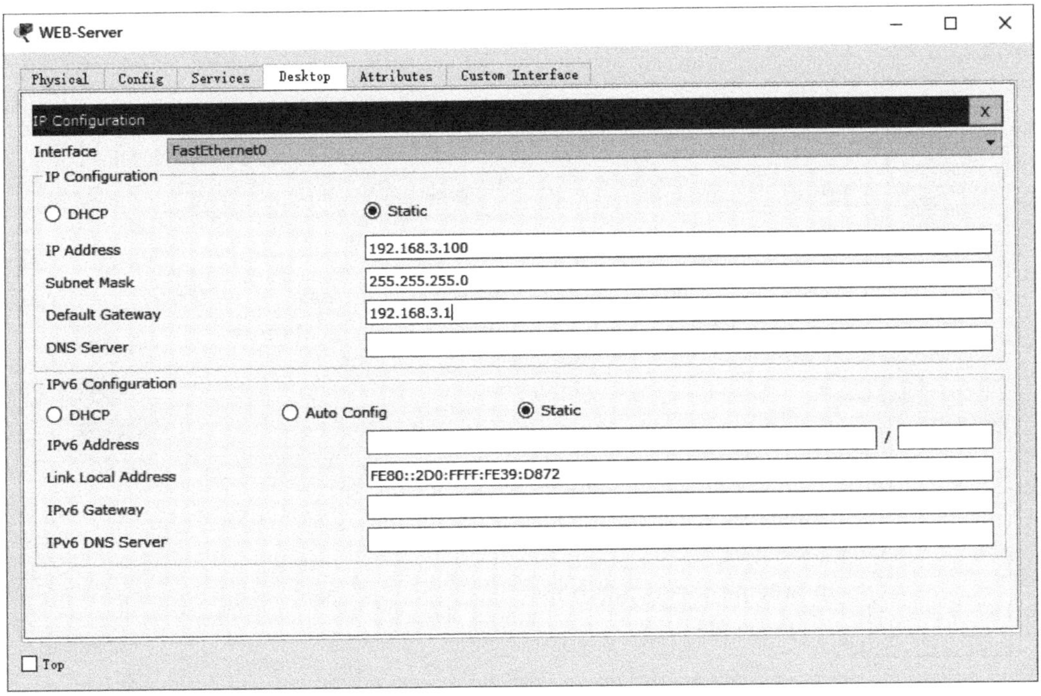

图 12-4

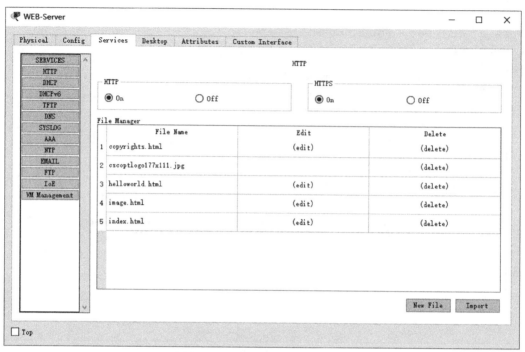

图 12-4　WEB 服务器的参考配置

⑤ FTP 服务器参考配置，如图 12-5 所示。

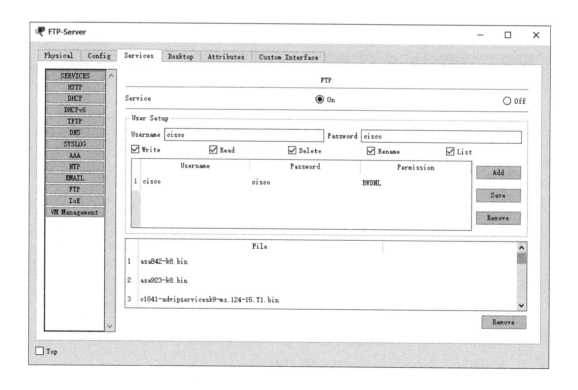

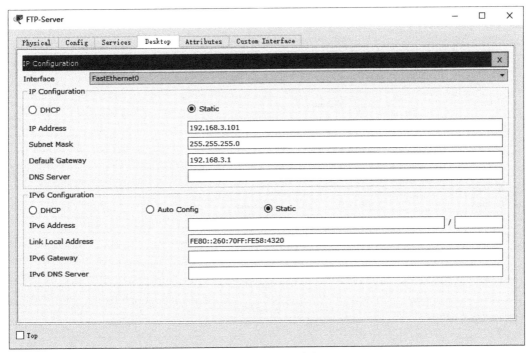

图 12-5　FTP 服务器参考配置

⑥ DNS 参考配置，如图 12-6 所示。

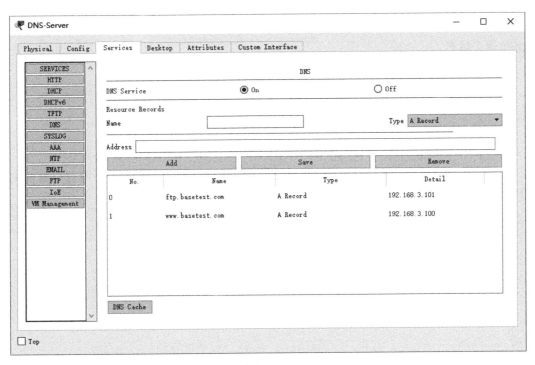

图 12-6

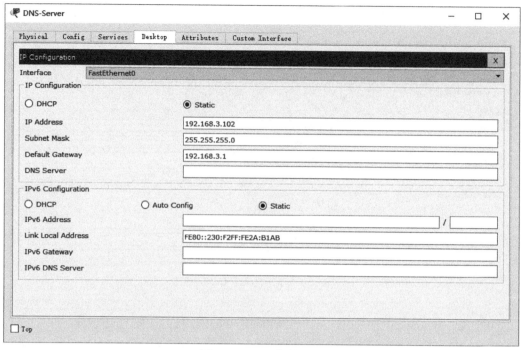

图 12-6 DNS 参考配置

⑦ 要实现 PC1 与 PC2 只需创建一个 VLAN，ID 任意，只要是在 6～4096 范围内就可以了。把与 PC2 连接的端口与新创建的 VLAN 进行绑定。

⑧ 在 PC1 的设置窗口"Desktop"中，使用"Web Browser"访问 WEB 和 FTP 服务的两个域名。

12.3　真机模拟

为了更好地体会这些应用，使用小组的方式进行真实应用的模拟，所有服务器都使用 CentOS 虚拟机搭建相关服务。

参考文献

[1]　胡学网，周鸣争.计算机网络［M］.合肥：安徽大学出版社，2014.

[2]　周鸣争.计算机网络［M］.合肥：安徽大学出版社，2014.

[3]　张晓明.计算机网络课程设计［M］.北京：北京理工大学出版社，2016.

[4]　［美］特南鲍姆著.计算机网络［M］.潘爱民译.北京：清华大学出版社，2013.

[5]　严伟，潘爱民.计算机网络［M］.北京：清华大学出版社，2012.

[6]　徐梅，陈洁，宋亚岚.大学计算机基础［M］.武汉：武汉大学出版社，2014.

[7]　崔维.计算机网络基础［M］.石家庄：河北科学技术出版社，2018.

[8]　齐寅.基于 SMB 协议的文件安全传输技术研究［D］.哈尔滨：哈尔滨工程大学，2015.

[9]　何忠主编.局域网组网技术［M］.北京：北京邮电大学出版社，2014.

[10]　徐劲松.计算机网络应用技术［M］.北京：北京邮电大学出版社，2015.

[11]　雷震甲.网络工程师教程［M］.第 3 版.北京：清华大学出版社，2009.

[12]　叶阿勇.计算机网络实验与学习指导［M］.北京：电子工业出版社，2017.

[13]　王华胜.三层交换机在局域网络中的应用技术分析［J］.硅谷，2013，（23）：60.

[14]　陈浩群.三层交换机在局域网络中的应用分析［J］.中国新通信，2016，18（05）：45-46.

[15]　顾润龙，刘智涛，侯玉香主编.LINUX 操作系统及应用技术［M］.航空工业出版社，2016.

[16]　鲁凌云.计算机网络基础应用教程［M］.北京：清华大学出版社，2012.

[17]　刘昌平，范明钰，王光卫.可信计算环境数据封装方法［J］.计算机应用研究，2009，26（10）：3891-3893.

[18]　中国互联网发展状况统计报告［EB/OL］.http：//cnnic. cn/gywm/xwzx/rdxw/20172017 _ 7084/202102/
t20210203 _ 71364. htm.

[19]　人工智能为网络开启无限可能［EB/OL］.http：//www. 360doc. com/content/16/0519/09/22953 _ 560363789. shtml.

[20]　Centos7.2 基础安装和配置（含分区方案建议）［EB/OL］.https：//www. cnblogs. com/set-config/p/9040407. html.

[21]　TCP/IP 协议簇分层详解［EB/OL］.https：//blog. csdn. net/u010796790/article/details/51871783.

[22]　TCP/IP 协议簇总结［EB/OL］.https：//blog. csdn. net/twh900614/article/details/93626759.

[23]　简述 TCP/IP 的三次握手过程［EB/OL］.https：//blog. csdn. net/happyuu/article/details/80922732.

[24]　计算机网络：C/S 架构 VS P2P 架构［EB/OL］.https：//blog. csdn. net/SongXJ _ 01/article/details/106805357.

[25]　CMD-NET 命令详解［EB/OL］.https：//blog. csdn. net/ccfxue/article/details/53159896.

[26]　菜鸟教程.Linux 教程［EB/OL］.https：//www. runoob. com/linux/linux-file-attr-permission. html.

[27]　Centos7 修改文件夹权限和用户名用户组［EB/OL］.https：//www. cnblogs. com/luckyall/p/9661584. html.

[28]　Samba 在 Linux 和 UNIX 系统上实现 SMB 协议［EB/OL］.https：//www. oschina. net/p/samba？hmsr＝
aladdin1e1.

[29]　景安网络：Samba 服务工作原理［EB/OL］.https：//server. zzidc. com/fwqfl/396. html.

[30]　Linux 如何搭建 Samba 文件共享服务［EB/OL］.https：//baijiahao. baidu. com/s？id＝1619078525576466832&wfr＝
spider&for＝pc.

[31]　利用 CentOS 7 samba 服务器与 ES 文件浏览器实现手机端在线播放电脑端视频［EB/OL］.https：//
www. jianshu. com/p/2d4da5f978f0.

[32]　深入理解 http 协议［EB/OL］.http：//www. blogjava. net/zjusuyong/articles/304788. html.

[33]　Apache HTTP 服务器版本 2.4［EB/OL］.http：//httpd. apache. org/docs/current.

[34]　ftp 工作原理［EB/OL］.https：//blog. csdn. net/u014774781/article/details/48376633.

[35]　Centos7.5 搭建 FTP 服务-vsftpd（超详细）［EB/OL］.https：//www. sohu. com/a/280848734 _ 100155594.

[36]　CentOS7 安装 vsftpd3. 0.2 以及虚拟用户配置［EB/OL］.https：//blog. csdn. net/weixin _ 30883777/article/
details/95952160.

[37]　DNS 域名解析中 A、AAAA、CNAME、MX、NS、TXT、SRV、SOA、PTR 各项记录的作用［EB/

OL]. https：//blog. csdn. net/qq_41206234/article/details/87545952.

[38] DNS & bind 详解 [EB/OL]. https：//blog. csdn. net/rightlzc/article/details/83756810.

[39] CentOS7 搭建 DHCP 服务 [EB/OL]. https：//note. yuchaoshui. com/blog/post/yuziyue/CentOS7 配置 DH-CPD.

[40] centos 之 dhcp 服务部署、管理、配置详解 [EB/OL]. https：//blog. csdn. net/weixin_34146410/article/details/93021173.

[41] 电子邮件工作原理及主要协议 [EB/OL]. https：//server. zzidc. com/fwqfl/312. html.

[42] CentOS7. 4 中 Postfix 邮件服务器的搭建 (一)——环境配置及简单搭建 [EB/OL]. https：//blog. csdn. net/f1228308235/article/details/79057184.

[43] CentOS7. 4 中 Postfix 邮件服务器的搭建 (二)——客户端发信收信测试 [EB/OL]. https：//blog. csdn. net/f1228308235/article/details/80457395.

[44] CENTOS7. 4 搭建 SMTP 邮件服务器 [EB/OL]. https：//www. jianshu. com/p/9260eebc3e0c.

[45] GNU 许可证 [EB/OL]. http：//www. gnu. org/licenses/licenses. html.

[46] SAMBA [EB/OL]. http：//www. dndoctor. net/Linux_Sys/linx-samba. html.

[47] 邮件发送服务器 Postfix [EB/OL]. https：//www. oschina. net/p/postfix.

[48] 详解 WEB 服务 [EB/OL]. https：//d. wanfangdata. com. cn/periodical/jsjywl201711048.

[49] 无线网络光纤通信路由器技术特点分析 [EB/OL]. https：//d. wanfangdata. com. cn/periodical/xdgyjjhxxh201902031.